AF458017

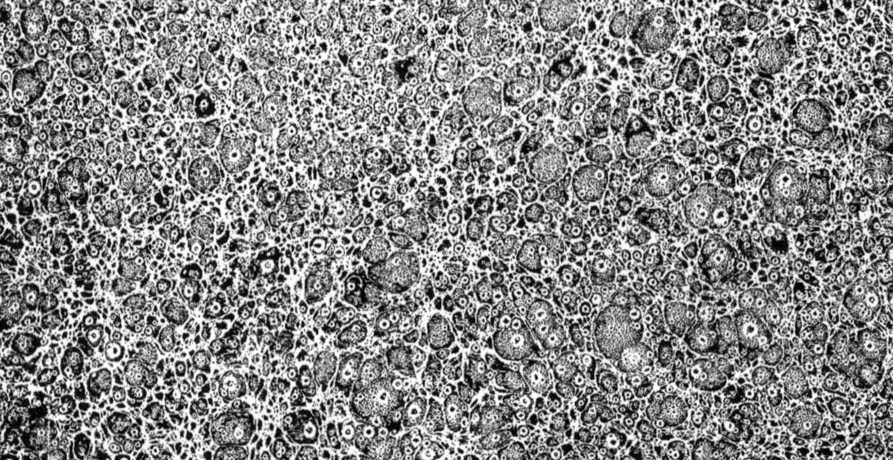
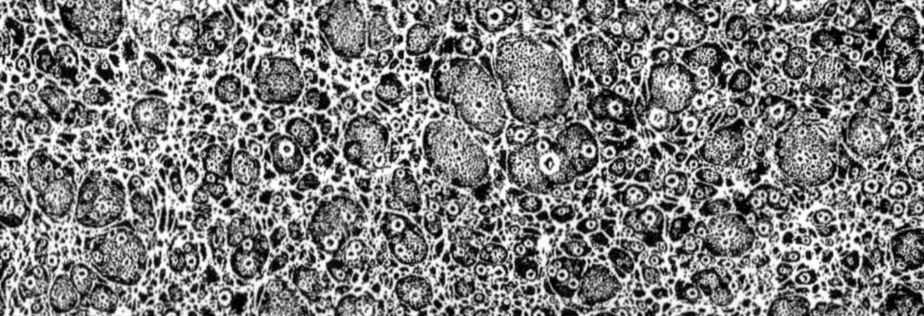

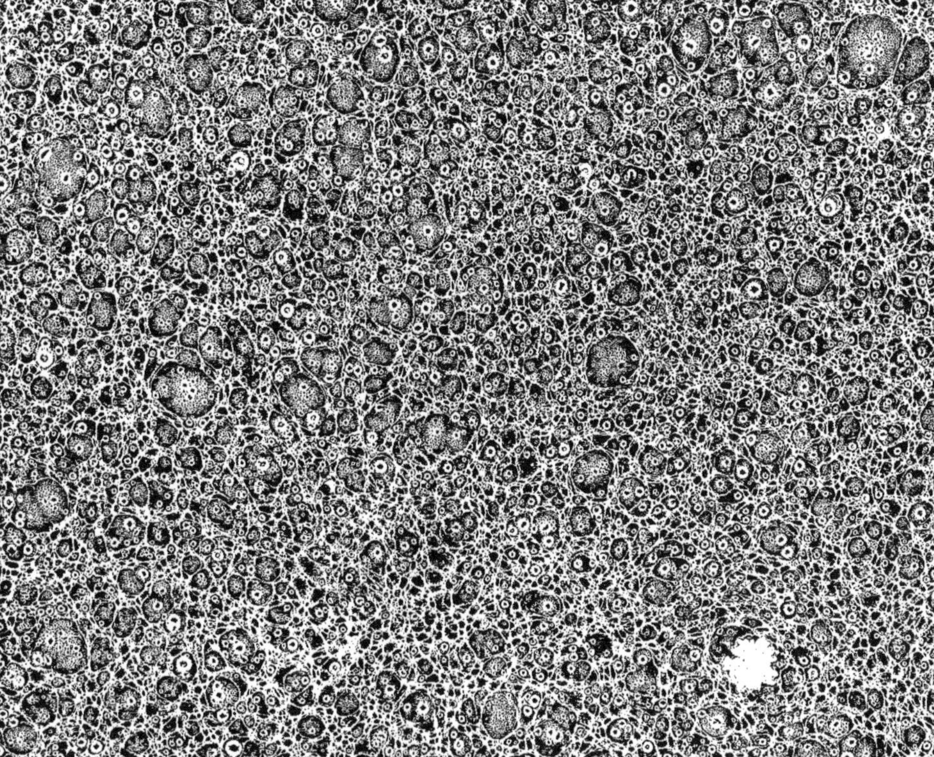

V

TENUE DE LIVRES

EN

PARTIE DOUBLE.

Les formalités voulues par la loi ayant été remplies, sera regardé comme contrefait tout Exemplaire qui ne portera pas ma signature.

Bourienne

IMPRIMERIE DE A. SURVILLE, RUE DES BONS-ENFANTS, 46-48.

TENUE DE LIVRES

EN

PARTIE DOUBLE.

MÉTHODE

APPROPRIÉE

A TOUTES LES ENTREPRISES COMMERCIALES.

PAR BOURIENNE,

Teneur de Livres et Professeur de Comptabilité,

(Auteur du Traité Spécial des Comptes en participation.)

Prix : 6 Fr.

PARIS :

Librairie du Commerce, Chez RENARD, rue Sainte-Anne, 71.

ROUEN :

Chez LEBRUMENT, Libraire, quai Napoléon, 45,

Chez l'Auteur, rue de l'Hôpital, 25,

Et dans les grandes Villes de commerce, chez les principaux libraires,

1848

INTRODUCTION.

C'est, selon moi, une rude tâche que d'oser entreprendre une nouvelle méthode sur la tenue des livres en partie double, après celles qui ont paru jusqu'à ce jour ; quelques-unes d'entre elles ont même une réputation justement méritée ; mais il faut l'avouer, néanmoins, si les opérations y sont traitées sur une grande échelle, elles sont présentées généralement avec trop de confusion. Et puis, une chose importante a été souvent négligée ; c'est que les opérations, quelles qu'elles soient, n'y sont jamais bien définies : on ne conduit pas jusqu'à la fin les personnes qui tiennent à s'approfondir. En signalant ces omissions, on pourra se convaincre, en parcourant ma méthode, que j'ai pris un autre chemin que mes devanciers.

Une longue pratique dans les maisons de commerce de premier ordre m'a fait apercevoir certaines comptabilités où il y avait des améliorations à introduire, et, en signalant ces améliorations, je suis parvenu à rendre les écritures plus abrégées, et par conséquent, plus claires, et puis, ajoutons que ces abréviations dont je suis grandement partisan, économisent le temps qui est ordinairement si précieux dans le commerce.

Il semblerait vraiment que les auteurs des méthodes qui ont paru jusqu'à ce jour, avaient moins de pratique que de théorie.

Presque tous aussi se sont, pour ainsi dire, reproduits, car je le demande, en est-il un dont on puisse citer quelques innovations ?

Disons en passant que le principe est là, toujours le même : « il n'est pas de *débiteur sans créditeur.* » C'est sur ces quelques mots que roule toute la comptabilité en partie double.

Je ne dirai rien de la partie simple, parce que le but que je me propose est d'infiltrer dans l'esprit de tous les commerçants intelligents, la connaissance des écritures en partie double ; la clarté que présentent les livres tenus d'après cette méthode, doit décider le commerce, quel qu'il soit, à l'adopter.

Les livres indispensables pour cette comptabilité sont :

« Le Mémorial, ou main courante ;

« Le Journal ;

« Le Grand Livre.

Les livres auxiliaires communément en usage sont : caisse, entrée et sortie des effets, copie de lettres, échéancier, comptes courants, frais généraux, etc.

Le Mémorial qui fera partie de ma méthode comprendra toutes les opérations qui seront ensuite passées en partie double au Journal, *sous différentes formes*, de manière à ce qu'on puisse adopter celle qui conviendra le mieux au genre d'affaires qu'on aura entreprises.

Je ferai remarquer que, si je ne faisais pas sur le Mémorial l'agglomération de toutes les opérations, il faudrait en plus 2 livres qui seraient *achats, ventes.*

Quelques maisons de détail s'effraient de la tenue des livres en partie double, et pourquoi ? parce qu'il leur semble qu'il faut écrire les articles les plus minutieux. Qu'on se rassure !!! « Il suffit de savoir de quelle importance se trouve la recette journalière, et « l'on pourra ensuite, si cela convient, ne faire qu'une seule ligne au Journal tous les 10 ou « 15 jours, par un article ainsi conçu : caisse à M^ses. G^les pour détail du 1er au 10 ou « au 15 courant fr. 000 c. 00. On peut aussi, si la recette a de l'importance, faire une « écriture chaque jour. »

Pour qu'on puisse facilement comprendre les écritures passées au Mémorial, comme au Journal et au Grand Livre, tous ces articles porteront un numéro d'ordre qui se rapportera à chaque numéro des observations.

D'après ce plan, on pourra même, avec de l'intelligence, et quelqu'instruction, apprendre seul la tenue des livres en partie double, puisque tous les articles passés seront expliqués aux observations, comme pourrait le faire le professeur à un élève.

Ainsi, tel est l'ordre qui doit être suivi, et faire la composition de cet ouvrage :

N° 1. Mémorial.
2. Journal, 1, 2, 3, 4.
3. Grand-Livre.
4. Comptes de ventes.
N° 5. Comptes courants et d'intérêts.
6. Balances et inventaires.
7. Observations.

N° 1.

Mémorial.

	2 *Janvier* 1848.						
1	*DIVERS* **A CAPITAL** fr. 50,000.						
	Pour autant, formant mon actif.						
	B. QUEMIN,	valeur 31 janvier.		30,000	»	50,000	»
	CAISSE.	espèces.		20,000	»		
	»						
2	*AVOIR* **B. QUEMIN**, de Rouen.						
	S./	Rouen.	10 jer.	500	»		
	»	Paris.	12 »	220	»		
	»	»	14 »	800	40		
	»	Dieppe.	15 »	200	»		
	»	Havre.	20 »	227	»		
	»	Yvetot.	25 »	200	»		
	»	Marseille.	31 »	400	»		
	»	Nimes.	5 9bre.	200	»		
				2,747	40	3,547	40
			Espèces.	800	»		
	»						
3	*DOIVt* **FRAIS DE MAISON**, Achat d'une Pendule.						
	N° 1.	Rouen.	10 jer.	500	»	800	»
	»		Espèces.	300	»		
	»						
4	*DOIVt* **FRAIS GÉNÉRAUX**, achat d'une Presse.						
	N° 2.	Paris.	12 jer.	220	»		
	3.	»	14 »	800	40		
	4.	Dieppe.	15 »	200	»		
				1,220	40	2,000	»
			Espèces.	779	60		
	»						
5	*AVOIR* **NICOLO**, de Rouen, 4 °/° Ete.						
	N° 28.	200 k. coton filé.	à fr. 3.			600	»
	»						
6	*DOIT* **DURAND**, de Paris.						
			Espèces.			10,000	»
						66,947	40

	2 *Janvier* 1848.			
7	*AVOIR* **FLORIMONT**, du Havre, 4 °/。			
	1 Pce huile fine, net 589 k., à fr. 265.		1,560	85
	»			
8	*DOIT* **FLORIMONT**, du Havre, p. solde.			
	Espèces.	1,494 55		
	Este.	66 30	1,560	85
	»			
9	*DOIT* **BARON**, de Dieppe, V/ 15 janvier.			
	1 Pce huile fine, net 589 k., à fr. 2 65.	1,560 85		
	Este 4 °/。	62 40		
		1,498 45		
	Courtage, 1/4 °/。	3 90	1,517	95
	Common. 1 °/。	15 60		
	»			
10	B. **QUEMIN A BARON**, p. solde.			
	S/ M/ s/ Louis, Rouen, 15 Ct.		1,517	95
	10			
11	*AVOIR* **LEGRIS** et Cie, du Havre, valeur 20 janvier.			
	14 B. coton Louisiane.			
	Brut 2,803 k 5.			
	Tre 6 °/。 168 } 210			
	Don et surdon 42 }			
	Net 2,593 5 à 2 92.	7,573 »		
	Este 1/2 °/。	37 85		
	FRAIS.	7,535 15		
	Réception. 7 »			
	Courtage, 1/4 °/。 18 90	102 85	7,638	»
	Commission, 1 °/。 75 75			
	Menus frais. 1 20			
	»			
12	*DOIT* **PAULIN**, de Rouen, 5 °/。 Ete.			
	14 B. coton Louisiane.			
	Brut 2803 k. 5.			
	Tre 6 °/。 168 } 238 »			
	Don, 5 k. par B. 70 }			
	2565 k. 5 à fr. 317 50.		8,145	45
	»		21,941	05

N°	Libellé		Détail	Total	
	10 *Janvier* 1848.				
13	*AVOIR* **MARCADÉ** et Cie. de Rouen, 4 % 15 Ct.				
	20 C. Savon pert bt 2798 k.				
	Tre et s/ tre. 351				
	2447 k.	à fr. 117 50	2,875 20	2,760	20
		Ete 4 %	115 »		
	11				
14	*DOIT* **William PETERSON**, du Havre.				
	20 C. Savon bleu pâle, valeur 15 ct.				
	Bt 2798 k.				
	Tre et s/ tre. 351				
	2447 k.	à fr. 117 50.	2,875 20		
		Este 4 %	115 »		
			2,760 20		
		Courtage, 1/4 %	7 19	2,796	14
		Comon 1 %	28 75		
	»				
15	*AVOIR* **PAULIN**, de Rouen.				
	S/ Paris.	15 janvier.	2,000 »	3,000	»
		Espèces.	1,000 »		
	15				
16	*AVOIR* **William PETERSON**, solde.			2,796	14
	S/ Paris.	18 Ct.			
	»				
17	*DOIT* **B. QUEMIN**, de Rouen.				
	N° Paris.	E.	2,000 »	4,796	14
	» »	18 Ct.	2,796 14		
	20				
18	*AVOIR* **PAULIN**, de Rouen.				
	S/ Dieppe.	15 mars.	800 »		
	» Bolbec.	31 »	1,000 »		
	» Nîmes.	5 avril.	428 50		
	» Marseille.	10 »	1,500 »	5,334	25
	» Bordeaux.	25 »	408 75		
	» Lille.	30 »	350 »	21,482	87
	» Brest.	15 mai.	847 »		
	»				

N°	Articles				
	20 *Janvier* 1848.				
19	*DOIT* **PAULIN**, de Rouen. 3 1/2 %.				
	3 P^ces eau-de-vie, 425 litres à fr. 150.			637	50
	»				
20	*DOIV^t* **LEGRIS** et Cie, du Havre.				
	N° Havre. 20 janvier, E.		227 »		
	« Yvetot. 25 »		200 »	827	»
	« Marseille. 31 »		400 »		
	31				
21	*AVOIR* **PAULIN** pour solde.				
	Espèces.		323 »	448	70
	Intérêts.		325 50		
	»				
22	**LEGRIS** et **Cie** à **DURAND**, de Paris.				
	M/ m/ Paris, 31 mars.			5,000	»
	»				
23	*AVOIR* **LEGRIS** et Cie, du Havre.				
	(Cte C^t n° 4) Intérêts.			67	45
	»				
24	**LEGRIS** et **Cie** **A BILLETS A PAYER**, solde.				
	M/ B^et à L/ o/ 15 février.			1,878	45
	2 *Février*.			119,230	42
25	**VINS EN CONSIG^on T. A CAISSE.**				
	Acquit du connaissement, cap^ne Monnier.			328	»
	8				
26	**DIVERS A VINS EN CONSIGN^on T.**				
	JEAN, de Beauvais, 3 % fin C.				
	10 B^ques vin Bordeaux à fr. 150.	1,500	3,500 »		
	10 » » 200.	2,000			
	PAUL, d'Elbeuf, 4 % fin mars.				
	30 B^ques vin à fr. 250.		7,500 »	26,000	»
	SOLOMÉ, de Rouen, 4 % 15 avril.				
	50 B^ques vin blanc 300.		15,000 »		
	10				
27	**VINS EN CONSIGN^on A DIVERS.**				
	A FRAIS GÉNÉRAUX :				
	Port de lettres, camionneurs, etc. fr.	30 50	30 50		
	A PROFITS ET PERTES :				
	intérêts et com^on.		536 23	25,672	»
	A THOMAS, de Bordeaux :				
	net produit, valeur 26 9bre.		25,105 27	171,230	42

	10 *Février* 1848.				
28	**MARCHANDISES** G^{les} **A DIVERS.**				
	A ROULLAND, de Bordeaux, 3 °/。 du 15 C^t.				
	10 P^{ces} vin rouge	à fr. 50	500 »		
	A DUPONT, de Rouen, 3 °/。 de fin C^t.				
	10 P^{ces} vin Beaune	200	2,000 »	3,300	»
	A LE BRET, de Rouen, 3 °/。 31 j^{er} d^{er}.				
	10 P^{ces} vin blanc.	80	800 »		
	14				
29	*DIVERS* **A MARCH**^{ses} G^{les}.				
	LUCAS, de Rouen, 2 °/。 15 f^{er}.				
	2 P^{ces} vin rouge	à fr. 75	150 »		
	ROGIER, d'Elbeuf, 2 °/。 fin C^t.				
	5 P^{ces} vin de Beaune	300	1,500 »	2,150	»
	BLANC, de Rouen, 3 °/。 15 C^t.				
	5 P^{ces} vin blanc	100	500 »		
	»				
30	*AVOIR* **SOLOMÉ**, de Rouen, p. solde.				
	S/ Bordeaux.	31 mars.	8,427 »		
	» Marseille.	5 avril.	4,000 »		
			12,427 »		
		Espèces.	2,517 82	15,000	»
		Intérêts.	55 18		
	16				
31	**PARAIN**, d'Amiens, **A MARCH**^{ses} G^{les}.				
	Pour net produit à son c^{te} de vente, à 8 P^{ces} vin rouge, 5 P^{ces} vin Beaune et 5 P^{ces} vin blanc, valeur commune 25 avril.			2,672	75
	»				
32	*DOIT* **DUPONT**, de Rouen, p. solde.				
	N° Dieppe.	15 mars.	800 »		
	» Rouen.	5 avril.	428 50		
	» »	5 novembre.	200 »		
			1,428 50		
		Espèces.	522 59	2,000	»
		Intérêts.	48 91		
				25,122	75

N°	Articles		Sommes	Cent.
	16 *Février* 1848.			
33	*DIVERS* **A GAUDU** et Cie d'Elbeuf.			
	50 Pces drap bleu, ensemble 1,200m à fr. 10 12,000. et expédiées à Marseille pour être vendues de Ct à 1/2, avec R. et Cie.			
	DRAPS de Cte. à 1/2, avec et R. et Cie., ma 1/2 à la Fre, de ce jour, V/ 31 mai.	6,000 »		
	ROGER et Cie, de Marseille. L /1/2 à Fre de ce jour, V/ 31 mai.	6,000 »	12,000	»
	28			
34	**ROGER** et Cie de Marseille, à Draps de Cte à 1/2 avec R. et Cie. Ma 1/2 au Cte de vente, V/ 31 août.		7,461	76
	»			
35	**VINS** de Cte à 1/2 avec R. et Cie à ROGER et Cie. Ma 1/2 à leur Frs à 30 Bques vin, V/ 30 septembre.		4,500	»
	2 *Mars.*			
36	**VINS** de Cte à 1/2 avec R. et Cie A CAISSE. Acquit du connaissemt, capne Larré.		328	50
	»			
37	**NICOLO** A VINS, de Cte, à 1/2 avec R. et Cie. pble à 3 mois du 15 mars. 10 Bques vin, à fr. 400.		4,000	»
	4			
38	**PIERRET** A VINS, de Cte à 1/2 avec R. et Cie. V/ 30 septembre. 10 Bques vin, à fr. 415,50.		4,155	»
	6			
39	**WILLIAM** A VINS de Cte à 1/2 avec R. et Cie. V/ 31 octobre. 10 Bques vin, à fr. 430.		4,300	»
	10			
40	**VINS** de Cte à 1/2 avec R. et Cie à ROGER et Cie. Leur 1/2 au net produit, V/ 7 août.		5,811	62
	»			
41	**VINS** de Cte, à 1/2 avec R. et Cie à DIVERS.			
	A CAISSE mes débours suivant Cte de vente.	239 50		
	A P. et P. Int. comon et bénéfice.	1,575 38	1,814	88
			44,371	76

N°	Articles	Détail	Total	
	25 *Mars* 1848.			
42	*DIVERS* **A DUPIN** et Cie du Havre, fe à 15 B. coton Floride, V/ 20 juin, achetées de Cte à 1/4 avec Pierre, Nicolas et Thomas de Rouen.			
	PIERRE, son 1/4 valeur 20 juin.	1,644 77		
	NICOLAS, son 1/4 » 20 »	1,644 77	6,579	10
	THOMAS, son 1/4 » 20 »	1,644 77		
	COTONS de Cte 1/4 avec P. N. T., V/ 20 juin.	1,644 79		
	»			
43	**COTONS** de Cte à 1/4 avec P. N. T., A CAISSE. Acquit du connaissemt.		42	50
	»			
44	*DIVERS* **A COTONS** de Cte à 1/4 avec P. N. T.			
	LEROND, de Rouen, 5 °/o 30 avril. 5 B. coton net, 761 k. à fr. 3 20.	2,436 80	7,462	70
	LURIN, de Rouen, 4 1/2 °/o 25 mai. 10 B. coton net 1523 k. à fr. 3 30.	5,025 90		
	31			
45	**COTONS** de Cte à 1/4 avec P. N. T. à *DIVERS*.			
	A PIERRE, son 1/4 Epe 6 avril.	1,817 08		
	A NICOLAS, son 1/4 » 6 »	1,817 08	5,451	24
	A THOMAS, son 1/4 » 6 »	1,817 08		
	»			
46	**COTONS** de Cte à 1/4, à PROFITS et PERTES. Intérêts, Comon et bénéfice.		324	17
	»			
47	**BILLETS A PAYER A CAISSE.** Acquit de m/ Eff. E/ 15 février 0/ Legris et Cie.		1,878	45
	»			
48	*DOIT* **NICOLO**, pour solde.			
	Espèces.	576 »	600	»
	Escte.	24 »		
	»			
49	*AVOIR* **GALOT**, 2 °/o escte. 200 k. sucre à fr. 200.		400	»
	»			
50	*AVOIR* **JACQUET** (des 15 Jer), 3 1/2 °/o. 3 P. eau-de-vie.		531	25
			23,269	41

N°	31 *Mars* 1848.			
51	**MOBILIER INDUSTRIEL** A FRAIS GÉNÉRAUX. Pour une Presse soldée, 2 janvier et portée à tort au Cte créditeur.		2,000	»
	»			
52	*DIVERS* **A CAISSE.**			
	FRAIS DE MAISON.			
	Dépenses diverses du 1er janvier au 31 mars.	275 »		
	FRAIS GÉNÉRAUX.		767	»
	Dépenses concernant le commerce du 1er janvier au 31 mars.	192 »		
	3 mois d'émoluments de Jacques, commis.	300 »		
	»			
53	**CAPITAL** A FRAIS DE MAISON, Pour une pendule soldée 2 J[er], portée à tort au Cte crédité.		800	»
	»			
54	**ROUENNERIE** A DIVERS, pour achat au C[t] de 1,000 douz[es] mouchoirs 3/4 fond bleu à fr. 5 (2 °/° esc[te]).			
	A CAISSE, Espèces.	4,900 »	5,000	»
	A P. et P, Esc[te] 2 °/°.	100 »		
	»			
55	**TROUSSELLE** du Havre, A ROUENNERIE, 1,000 douz[es] mouchoirs, 3/4 fond bleu à fr. 6.		6,000	»
	»			
56	**ROUENNERIE** A PROFITS et PERTES. Bénéfice et p. solde.		1,000	»
	»			
57	**NICOLO** (divers débiteurs), A LUI-MÊME (son Cte courant), Pour contrepasser le crédit du 2 janvier.		600	»
	»			
58	**DRAPS** de Cte à 1/2 à PROFITS et PERTES. Bénéfices pour solde.		1,461	76
	»			
59	**MARCHANDISES GÉNÉRALES** A DIVERS, Balance et solde des comptes suivants,			
	A FRAIS GÉNÉRAUX.	461 50	736	50
	A FRAIS DE MAISON.	275 »		
			18,365	26

 Apport des f°s 12, 13, 14 et 15. 282,359 60

	31 *Mars.*			
60	**MARCHANDISES GÉNÉRALES** A PROFITS ET PERTES. Bénéfices.		1,392	99
	»			
61	**PROFITS ET PERTES** A CAPITAL. Bénéfices nets suivant inventaire.		6,081	41
			289,834	00
	»			
	DIVERS A DIVERS, balances suivant inventaire.			
	B. Quemin. Balance.	32,766 69		
	Effets à recevoir. »	16,532 75		
	Marchandises générales. »	1,000 »		
	En l'autre part.	50,299 44		
	»			

31 *Mars* 1848.

	Apport.	50,299 44		
Durand.	Balance.	5,000 »		
Jean.	»	3,500 »		
Paul.	»	7,500 »		
Lucas.	»	150 »		
Rogier.	»	1,500 »		
Blanc.	»	500 »		
Leblond.	»	2,436 80		
Roger et Cie.	»	3,150 14		
Parain.	»	2,672 75		
Nicolo.	»	4,000 »		
Pierre.	»	4,155 »		
William.	»	4,300 »		
Lurin.	»	5,025 90		
Mobilier industriel.	»	2,000 »		
Trousselle.	»	6,000 »		
Caisse.	»	2,284 13		
A Capital.	Balance.	55,281 41		
A Marcadé et Cie.	»	2,760 20		
A Roulland.	»	500 »		
A Lebret.	»	800 »		
A Nicolas.	»	172 31		
A Pierre.	»	172 31		
A Thomas.	»	172 31	104,474	16
A Galot.	»	400 »		
A Jacquet.	»	531 25		
A Dupin.	»	6,579 10		
A Gaudu et Cie.	»	12,000 »		
A Thomas.	»	25,105 27		

N° 1.

JOURNAL

1, 2, 3, 4.

Journal n° 1.

2 *Janvier* 1848.				
DIVERS **A CAPITAL.**				
B. QUEMIN.	Valeur 31 j^{er}.	30,000 »	50,000	»
CAISSE.	Espèces.	20,000 »		
»				
DIVERS **A B. QUEMIN.**				
EFFETS A RECEVOIR.	8 effets.	2,747 40	3,547	40
CAISSE.	Espèces.	800 »		
»				
FRAIS DE MAISON A DIVERS, pendule.				
A EFFETS A RECEVOIR.	1 effet.	500 »	800	»
A CAISSE.	Espèces.	300 »		
FRAIS GÉNÉRAUX A DIVERS, achat de Presse.				
A EFFETS A RECEVOIR.	3 effets.	1,220 40	2,000	»
A CAISSE.		779 60		
»				
MARCH^{ses} G^{les} A NICOLO.				
200 k. coton filé.			600	»
»				
DURAND de Paris, à CAISSE.				
	Espèces.		10,000	»
»				
MARCH^{ses} G^{les} A FLORIMONT.				
1 P^{ce} huile fine.			1,560	85
»				
FLORIMONT A DIVERS p. solde.				
A CAISSE.	Espèces.	1,494 55	1,560	85
A P. et P.	Esc^{te}.	66 30		
»				
BARON A MARCHANDISES GÉNÉRALES.				
1 P^{ce} huile fine.			1,517	95
			71,587	05

10 *Janvier* 1848.			
MARCHses **G**les A LEGRIS et Cie, du Havre.			
14 B/ coton.		7,638	»
»			
B. QUEMIN A BARON, p. solde.			
M/ Rouen 15 Ct.		1,517	95
»			
PAULIN de Rouen, A MARCHses Gles.			
14 B/ coton.		8,145	45
»			
MARCHses **G**les A MARCADÉ et Cie.			
20 C/ savon.		2,760	20
11			
William SMITH, du Havre, A MARCHses Gles.			
20 C/ savon.		2,796	14
»			
DIVERS **A PAULIN**, de Rouen.			
EFFETS A RECEVOIR. 1 effet.	2,000 »	3,000	»
CAISSE. Esp.	1,000 »		
15			
EFFETS A RECEVOIR A William SMITH.			
1 effet p. solde.		2,796	14
»			
B. QUEMIN A EFFETS A RECEVOIR.			
2 effets.		4,796	14
20			
EFFETS A RECEVOIR A PAULIN.			
7 effets.		5,334	25
»			
PAULIN A MARCHses Gles.			
3 Pces eau-de-vie.		637	50
»			
LEGRIS et Cie, du Havre, A EFFETS A RECEVOIR.			
3 effets.		827	»
		40,248	77

31 *Janvier* 1848.			
DIVERS A **PAULIN**, p. solde.			
CAISSE. Espèces.	123 »	448	70
P. et P. Intérêts.	325 70		
»			
LEGRIS et Cie A DURAND.			
M/ m/ 31 mars.		5,000	»
»			
P. et **P.** A LEGRIS et Cie.			
Intérêts.		67	45
»			
LEGRIS et Cie A BILLETS A PAYER, solde.			
M/ B^ets, 18 février.		1,878	45
2 *Février.*		119,230	42
VINS EN CONSIG^on T. A CAISSE.			
Acquit du connaissem^t cap^ne Monnier.		328	»
8			
DIVERS **A VINS EN CONSIG^on T.**			
JEAN, de Rouen.			
20 B^ques vin de Bordeaux.	3,500 »		
PAUL, de......			
30 B^ques vin.	7,500 »	26,000	»
SOLOMÉ de......			
50 B^ques vin.	15,000 »		
10			
VINS EN CONSIG^on T., A DIVERS.			
A FRAIS GÉNÉRAUX.			
Port de lettres, camionneurs, etc.	30 50		
A P. et P., intérêts et C^on.	536 23	25,672	»
A THOMAS de Bordeaux.			
Net produit, valeur 26 novembre.	25,105 27		
»			
MARCH^ses G^les A DIVERS.			
A ROULLAND, de Bordeaux.			
10 P^ces vin rouge.	500 »		
A DUPONT, de Rouen.			
10 P^ces vin de Beaune.	2,000 »	3,300	»
A LEBRET, de Rouen.			
10 P^ces vin blanc.	800 »		
		174,530	42

14 *Février* 1848.			
DIVERS **A MARCH**ses **G**les.			
LUCAS.			
2 Pces vin rouge.	150 »		
ROGIER.			
5 Pces vin de Beaune.	1,500 »	2,150	»
BLANC.			
5 Pces vin blanc.	500 »		
»			
DIVERS **A SOLOMÉ**, pour solde.			
EFFETS A RECEVOIR. 2 effets.	12,427 »		
CAISSE. Espèces.	2,517 82	15,000	»
P. et P. Intérêts.	55 18		
16			
PARAIN, d'Amiens, MARCHses Gles.			
Net produit à son Cte de vente à 8 Pces vin rouge, 5 Pces vin Beaune et 5 Pces vin blanc, valeur commune, 25 avril.		2,672	75
»			
DUPONT A DIVERS, pour solde.			
A EFFETS A RECEVOIR. 3 effets.	1,428 50		
A CAISSE. Espèces.	522 59	2,000	»
A P. et P. Intérêts.	48 91		
»			
DIVERS **A GAUDU** et Cie, d'Elbeuf.			
50 Pces drap bleu, ensemble 1,200m à fr. 10, et expédiées à Marseille, pour être vendues de Cte à 1/2, avec R. et Cie.			
DRAPS de Cte à 1/2 avec R. et Cie.			
ma 1/2 à fre de ce jour, valeur 31 mai.	6,000 »		
ROGER et Cie de Marseille.		12,000	
Leur 1/2 à fre de ce jour, valeur 31 mai.	6,000 »		
»			
ROGER et **C**ie de Marseille, à DRAPS de Cte, à 1/2,			
Avec R. et Cie, ma 1/2, valeur 31 août.		7,461	76
»			
VINS de **C**te à 1/2, avec R. et Cie A ROGER.			
ma 1/2 à leur fre, valeur 30 septembre.		4,500	»
2 *Mars.*			
VINS de **C**te à 1/2 avec R. et Cie A CAISSE.			
Acquit du connaissemt, cape Larré.		328	50
		46,113	01

2 *Mars* 1848.			
NICOLO A VINS de Cte, à 1/2 avec R. et Cie.			
10 Bques de vin.		4,000	»
»			
PIERRET A VINS de Cte, à 1/2 avec R. et Cie.			
10 Bques vin.		4,155	»
6			
WILLIAM A VINS de Cte à 1/2 avec R. et Cie.			
10 Bques de vin.		4,300	»
10			
VINS de Cte à 1/2 avec R. et Cie A ROGER et Cie.			
Leur 1/2 au net produit, valeur 7 août.		5,811	62
»			
VINS de Cte à 1/2, avec R. et Cie, A DIVERS.			
A CAISSE, mes débours suivt Cte.	239 50	1,814	88
A P. et P. int. Con et bénéfice.	1,575 38		
25			
DIVERS **A DUPIN** et Cie, du Havre.			
Fre à 15 B/ coton Floride, valeur 20 juin, achetées de Cte à 1/4 avec Pierre, Nicolas et Thomas de Rouen.			
PIERRE, son 1/4, valeur 20 juin.	1,644 77	6,579	10
NICOLAS, son 1/4, » 20 »	1,644 77		
THOMAS, son 1/4, » 20 »	1,644 77		
COTONS de Cte à 1/4, avec P. N. T., valeur 20 juin.	1,644 79		
»			
COTONS de Cte à 1/4 avec P. N. T. A CAISSE.			
Acquit du connaissemt.		42	50
»			
DIVERS **A COTONS** de Cte, à 1/4 avec P. N. T.			
LEBLOND, de Rouen.			
5 B/ coton.	2,436 80	7,462	70
LURIN, de Rouen.			
10 B/ coton.	5,025 90		
31			
COTONS de Cte, à 1/4 avec P. N. T. A DIVERS.			
A PIERRE, son 1/4, Epe. 6 avril.	1,817 08	5,451	24
A NICOLAS, son 1/4, » 6 »	1,817 08		
A THOMAS, son 1/4, » 6 »	1,817 08		
		39,617	04

31 *Mars* 1848.			
COTONS de Cte à 1/4 avec P. N. T. à P. P.			
Intérêts, Con et bénéfice.		324	17
NICOLAS A DIVERS, p. solde.			
A CAISSE. Espèces.	576 »	600	»
A P. et P. Escte.	24 »		
MARCHses Gles A DIVERS.			
A GALOT 200 k. sucre.	400 »	931	25
A JACQUET. 3 Pces eau-de-vie.	531 25		
MOBILIER INDUSTRIEL A FRAIS GÉNÉRAUX.			
Pour une presse soldée 2 jer dernier, portée à tort au Cte créditeur.		2,000	»
DIVERS **A CAISSE.**			
FRAIS DE MAISON.			
Dépenses diverses du 1er jer au 31 mars.	275 »	767	»
FRAIS GÉNÉRAUX.			
Dépenses concernant le commerce, 1er jer, à ce jour. 192			
3 m. d'émoluments de Jacques, commis. 300	492 »		
CAPITAL A FRAIS DE MAISON.			
Pour une pendule soldée 2 jer, portée à tort au Cte crédité.		800	»
BILLETS A PAYER A CAISSE.			
Acquit de M/ eff. E. 15 février.		1,878	45
ROUENNERIE A DIVERS, pour achat.			
De 1000 douzes mouchoirs 3/4, fond bleu, à fr. 5.			
A CAISSE. Espèces.	4,900 »	5,000	»
A P. et P. Escte.	100 »		
TROUSSELLE du Havre, A ROUENNERIE, valeur 31 août.			
1000 douzes mouchoirs 3/4....., à fr. 6.		6,000	»
		18,300	87

 Apport des fos 23, 24, 25 *et* 26 278,561 34

25 *Mars* 1848.			
ROUENNERIE A P. et P., bénéfice et pour solde.		1,000	»
»			
NICOLAS (divers débiteurs) A LUI-MÊME (Cte courant.)			
Pour contrepasser le crédit du 2 janvier.		600	»
»			
DRAPS de Cte A 1/2 A PROFITS ET PERTES.			
Bénéfices pour solde.		1,461	76
»			
MARCHses **G**les A DIVERS, balance et solde des comptes suivants :			
A FRAIS GÉNÉRAUX.	461 50	736	50
A FRAIS DE MAISON.	275 »		
»			
MARCHses **G**les A PROFITS ET PERTES.			
Bénéfices.		1,392	99
»			
PROFITS ET PERTES A CAPITAL.			
Bénéfices nets suivant inventaire.		6,081	41
»			
		289,834	00
BALANCES du grand livre, suivant inventaire.		104,474	16

N° 2.

JOURNAL

1, 2, 3, 4.

Journal nº 2.

				Totaux.	
	2 *Janvier* 1848.				
	DIVERS **A CAPITAL.**				
1	B. QUEMIN, de Rouen.	Valeur, 31 janv.	30,000 »	50,000	»
2	CAISSE.	Espèces.	20,000 »		
1	»				
	DIVERS **A B. QUEMIN**, de Rouen.				
2	EFFETS A RECEVOIR.	8 Effets.	2,747 40	3,547	40
2	CAISSE.	Espèces.	800 »		
1	»				
9	**FRAIS DE MAISON** A DIVERS.				
2	A EFFETS A RECEVOIR.	1 effet.	500 »	800	»
2	A CAISSE.	Espèces.	300 »		
	»				
8	**FRAIS GÉNÉRAUX** A DIVERS.				
2	A EFFETS A RECEVOIR.	3 effets.	1,220 40	2,000	»
2	A CAISSE.	Espèces.	779 60		
	»				
3	**MARCH**ses **G**les A NICOLO, de Rouen.				
5		200 k. coton.		600	»
	»				
4	**DURAND** A CAISSE.				
2		Espèces.		10,000	»
	»				
3	**MARCH**ses **G**les A FLORIMONT.				
5		1 Pce huile fine.		1,560	85
	»				
5	**FLORIMONT** A DIVERS, pour solde.				
2	A CAISSE.	Espèces.	1,494 55	1,560	85
3	A PROFITS ET PERTES.	Escompte.	66 30		
	»				
5	**BARON** A MARCHses Gles.				
3		1 Pce huile fine.		1,517	95
	10				
1	**B. QUEMIN** A BARON, pour solde.				
5	M/ Rouen 15 ct.			1,517	95
				73,105	00

PARTICULIERS.		PERSONNELS.		EFFETS A RECEVOIR.		CAISSE.		PROFITS ET PERTES.		MARCHses GÉNles.	
DOIVt.	AVOIR.	DOIVt.	AVOIR.	DOIVt.	AVOIR.	DOIT.	AVOIR.	DOIVt.	AVOIR.	DOIVt.	AVOIR.
30,000 »	50,000 »					20,000 »					
	3,547 40			2,747 40		800 »					
800 »					500 »		300 »				
2,000 »					1,220 40		779 60				
	600 »									600 »	
10,000 »							10,000 »				
	1,560 85									1,560 85	
1,560 85							1,494 55		66 30		
		1,517 95									1,517 55
1,517 95			1,517 95								
45,878 80	55,708 25	1,517 95	1,517 95	2,747 40	1,720 40	20,800 »	12,574 15		66 30	2,160 85	1,517 95

Folios				Totaux.	
	Apport. . . .			73,105	»
	10 *Janvier* 1848.				
3 / 4	**MARCH**ses **G**les A LEGRIS et Cie, du Havre.				
		14 B/ coton.		7,638	»
	»				
5 / 3	**PAULIN** de Rouen, A MARCHses Gles.				
		14 B/ coton.		8,145	45
	»				
3 / 5	**MARCH**ses **G**les A MARCADÉ et Cie.				
		20 C/ savon.		2,760	20
	11				
5 / 3	**William SMITH**, du Havre, A MARCHses Gles.				
		20 C/ savon.		2,796	14
	»				
	DIVERS **A PAULIN** de Rouen.				
2	EFFETS A RECEVOIR.	1 effet.	2,000 »	3,000	»
2	CAISSE.	Espèces.	1,000 »		
5	»				
2 / 5	**EFFETS A RECEVOIR** A William SMITH.				
		1 effet pour solde.		2,796	14
	15				
1 / 2	**B. QUEMIN** A EFFETS A RECEVOIR.				
		2 effets.		4,796	14
	20				
2 / 5	**EFFETS A RECEVOIR** A PAULIN, de Rouen.				
		7 effets.		5,334	25
	»				
5 / 3	**PAULIN** A MARCHses Gles.				
		3 Pces eau-de-vie.		637	50
	31				
4 / 2	**LEGRIS** et **C**ie du Havre, A EFFETS A RECEVOIR.				
		3 effets.		827	»
	En l'autre part. . . .			111,835	82

PARTICULIERS.		PERSONNELS.		EFFETS A RECEVOIR.		CAISSE.		PROFITS ET PERTES.		MARCHses GÉNles.	
DOIVt.	AVOIR.	DOIVt.	AVOIR.	DOIVt.	AVOIR.	DOIT.	AVOIR.	DOIVt.	AVOIR.	DOIVt.	AVOIR.
45,878 80	55,708 25	1,518 05	1,517 95	2,747 40	1,720 40	20,800 »	12,574 15		66 30	2,160 85	1,517 95
	7,638 »									7,638 »	
		8,145 45									8,145 45
	2,760 20									2,760 20	
		2,796 14									2,796 14
			3,000 »	2,000 »		1,000 »					
			2,796 14	2,796 14							
4,796 14					4,796 14						
			5,334 25	5,334 25							
		637 50									637 50
827 »					827 »						
51,501 94	66,106 45	13,097 14	12,648 34	12,877 79	7,343 54	21,800 »	12,574 15		66 30	12,559 05	13,097 04

			Totaux.	
	Apport.		111,835	82
	31 *Janvier* 1848.			
4	**LEGRIS** et Cie du Havre, A DURAND, de Paris.			
4	M/ m/ Paris, 31 mars.		5,000	»
	»			
3	**PROFITS ET PERTES** A LEGRIS et Cie, du Havre.			
4	Intérêts.		67	45
	»			
4	**LEGRIS** et Cie A BILLETS A PAYER.			
4	M/ effet à leur 0/, 15 février.		1,878	45
	»			
	DIVERS **A PAULIN,** pour solde.			
2	CAISSE. Espèces.	123 »	448	70
3	P. et P. Intérêts.	325 70		
5	2 *Février.*		119,230	42
6	**VINS EN CONSIGon T.** A CAISSE.			
2	Acquit du connaissemt, capne Monnier.		328	»
	8			
	DIVERS **A VINS EN CONSIGon T.**			
5	JEAN, 30 Bques vin.	3,500 »	26,000	»
5	PAUL, 30 » »	7,500 »		
5	SOLOMÉ, 30 » »	15,000 »		
6	10			
6	**VINS EN CONSIGon T.,** A DIVERS,			
8	A FRAIS GÉNÉRAUX.			
	Port de lettres, camionnage, etc.	30 50	25,672	»
3	A P. et P., int. et comon.	536 23		
8	A THOMAS, net produit, valeur 26 novembre.	25,105 27		
	»			
3	**MARCHses Gles** A DIVERS.			
5	A ROULLAND, de Bordeaux.			
	10 Pces vin rouge.	500 »	3,300	»
9	A DUPONT, de Rouen.			
	10 Pces vin Beaune.	2,000 »		
5	A LEBRET, de Rouen.			
	10 Pces vin blanc.	800 »		
	En l'autre part.		174,530	42

PARTICULIERS.		PERSONNELS.		EFFETS A RECEVOIR.		CAISSE.		PROFITS ET PERTES.		MARCHses GÉNles.	
DOIVt.	AVOIR.	DOIVt.	AVOIR.	DOIVt.	AVOIR.	DOIT.	AVOIR.	DOIVt.	AVOIR.	DOIVt.	AVOIR.
51,501 94	66,106 45	13,097 14	12,648 34	12,877 79	7,343 54	21,800 »	12,574 15		66 30	12,559 05	13,097 04
5,000 »	5,000 »										
	67 45							67 45			
1,878 45	1,878 45										
			448 70			123 »		325 70			
58,380 39	73,052 35	13,097 04	13,097 04	12,877 79	7,343 54	21,923 »	12,574 15	393 15	66 30	12,559 05	13,097 04
328 »							328 »				
	26,000 »	26,000 »									
25,672 »	25,135 77								536 23		
	3,300 »									3,300 »	
84,380 39	127,488 12	39,097 04	13,097 04	12,877 79	7,343 54	21,923 »	12,902 15	393 15	602 53	15,859 05	13,097 04

				Totaux.	
		Apport. . . .		174,530	42
	14 *Février* 1848.				
	DIVERS **A MARCH**ses **G**les.				
	LUCAS,	2 Pces vin rouge.	150 »		
5	ROGIER,	5 » » Beaune.	1,500 »	2,150	»
5	BLANC,	5 » » blanc.	500 »		
3	»				
	DIVERS **A SOLOMÉ**, pour solde.				
2	EFFETS A RECEVOIR.	2 effets.	12,427 »		
2	CAISSE.	Espèces.	2,517 82	15,000	»
3	P. et P.	Intérêts.	55 18		
5	16				
9	**PARAIN**, d'Amiens, A MARCHses Gles.				
3	Net produit, valeur commune, 25 avril.			2,672	75
	»				
9	**DUPONT** A DIVERS, pour solde.				
2	A EFFETS A RECEVOIR.	3 effets.	1,428 50		
2	A CAISSE.	Espèces.	522 59	2,000	»
3	A P. et P.	Intérêts.	48 91		
	»				
	DIVERS **A GAUDU** et **C**ie d'Elbeuf.				
	50 Pces drap bleu, ensemble 1,200m à fr. 10, et expédiées à Marseille, pour être vendues de Cte à 1/2 avec R. et Cie.				
7	DRAPS de Cte à 1/2 avec R. et Cie.				
	Ma 1/2 à fre de ce jour, valeur 31 mai.		6,000 »		
6	ROGER et Cie de Marseille.			12,000	»
8	Leur 1/2 à fre de ce jour, valeur 31 mai.		6,000 »		
	28				
6	**ROGER** et **C**ie de Marseille, A DRAPS de Cte avec R. et Cie.				
7	Ma 1/2, valeur 31 août.			7,461	76
	»				
7	**VINS** de **C**te à 1/2 avec R. et Cie à **ROGER** et **C**ie.				
6	Ma 1/2 à leur fre, valeur 30 septembre.			4,500	»
		En l'autre part. . . .		220,314	93

PARTICULIERS.		PERSONNELS.		EFFETS A RECEVOIR.		CAISSE.		PROFITS ET PERTES.		MARCHses GÉNles.	
DOIVt.	AVOIR.	DOIVt.	AVOIR.	DOIVt.	AVOIR.	DOIT.	AVOIR.	DOIVt.	AVOIR.	DOIVt.	AVOIR.
84,380 39	127,488 12	39,097 04	13,097 04	12,877 79	7,343 54	21,923 »	12,902 15	393 15	602 53	15,859 05	13,097 04
		2,150 »									2,150 »
			15,000 »	12,427 »		2,517 82		55 18			
		2,672 75									2,672 75
2,000 »					1,428 50		522 59		48 91		
12,000 »	12,000 »										
7,461 76	7,461 76										
4,500 »	4,500 »										
110,342 15	151,449 88	43,919 79	28,097 04	25,304 79	8,772 04	24,440 82	13,424 74	448 33	651 44	15,859 05	17,919 79

			Totaux.	
	Apport. . . .		220,314	93
	2 *Mars* 1848.			
7	**VINS** de Cte à 1/2 avec R. et Cie A CAISSE.			
2	Acquit du connaissemt, cape Larré.		328	50
	»			
10	**NICOLO** A VINS de Cte à 1/2 avec R. et Cie.			
7	10 Bques vin.		4,000	»
	»			
10	**PIERRET** A VINS de Cte à 1/2 avec R. et Cie.			
7	10 Bques vin.		4,155	»
	6			
10	**WILLIAM** A VINS de Cte à 1/2 avec R. et Cie.			
7	10 Bques vin.		4,300	»
	10			
7	**VINS** de Cte à 1/2 avec R. et Cie A DIVERS.			
2	A CAISSE, mes débours, suivant Cte.	239 50	1,814	88
3	A P. et P., intérêts, con et bénéfice.	1,575 38		
	25			
	DIVERS **A DUPIN** et Cie du Havre.			
	Fre à 15 B/ coton Floride, valeur 20 juin, achetées de Cte à 1/4 avec Pierre, Nicolas et Thomas de Rouen.			
5	PIERRE, son 1/4 valeur 20 juin.	1,644 77	6,579	10
5	NICOLAS son 1/4 » 20 »	1,644 77		
5	THOMAS, de Rouen, son 1/4 » 20 »	1,644 77		
7	COTONS de Cte à 1/4 avec P. N. T., valeur 20 juin.	1,644 79		
6	»			
7	**COTONS** de Cte à 1/4 avec P. N. T., A CAISSE.			
2	Acquit du connaissemt.		42	50
	»			
	DIVERS **A COTONS** de Cte à 1/4 avec P. N. T.			
5	LEBLOND, de Rouen.			
	5 B/ coton.	2,436 80	7,462	70
11	LURIN, de Rouen.			
7	10 B/ coton.	5,025 90		
	En l'autre part. . . .		248,997	61

PARTICULIERS.		PERSONNELS.		EFFETS A RECEVOIR.		CAISSE.		PROFITS ET PERTES.		MARCHses GÉNles.	
DOIVt.	AVOIR.	DOIVt.	AVOIR.	DOIVt.	AVOIR.	DOIT.	AVOIR.	DOIVt.	AVOIR.	DOIVt.	AVOIR.
110,342 15	151,449 88	43,919 79	28,097 04	25,304 79	8,772 04	24,440 82	13,424 74	448 33	651 44	15,859 05	17,919 79
328 50							328 50				
	4,000 »	4,000 »									
	4,155 »	4,155 »									
	4,300 »	4,300 »									
1,814 88							239 50		1,575 38		
6,579 10	6,579 10										
42 50							42 50				
	7,462 70	7,462 70									
119,107 13	177,946 68	63,837 49	28,097 04	25,304 79	8,772 04	24,440 82	14,035 24	448 33	2,226 82	15,859 05	17,919 79

Folio	Articles	Sommes	Totaux.	
	Apport. . . .		248,997	61
	31 *Mars* 1848.			
7	**COTONS** de Cte à 1/4, avec P. N. T. A DIVERS.			
5	A PIERRE, son 1/4, valeur 6 avril.	1,817 08		
5	A NICOLAS, son 1/4, » 6 »	1,817 08	5,451	24
5	A THOMAS, son 1/4, » 6 »	1,817 08		
	»			
7	**COTONS** de Cte à 1/4, avec P. N. T., à P. et P.			
3	Intérêts, com^{on} et bénéfice.		324	17
	»			
10	**NICOLO** A DIVERS, pour solde.			
2	A CAISSE. Espèces.	576 »	600	»
3	A P. et P. Esc^{te}.	24 »		
	»			
3	**MARCH^{ses} G^{les}** A DIVERS.			
5	A GALOT, de Rouen,			
	200 k. sucre.	400 »		
5	A JACQUET,		931	25
	3 P^{ces} Eau-de-vie.	531 25		
	»			
11	**MOBILIER INDUSTRIEL** A FRAIS GÉNÉRAUX,			
8	Pour une presse soldée 2 janv. d^{er}, portée à tort au c^{te} créditeur.		2,000	»
	»			
	DIVERS **A CAISSE.**			
9	FRAIS DE MAISON.			
	Dépenses diverses du 1er janvier au 31 mars.	275 »		
8	FRAIS GÉNÉRAUX.		767	»
	Dépenses concernant le commerce, du 1er janv. au 31 mars 192.	492 »		
2	3 m. d'émoluments de Jacques, commis, E/ 31 mars 300.			
	»			
1	**CAPITAL** A FRAIS DE MAISON.			
9	Pour une pendule soldée 2 janv., portée à tort au c^{te} créditeur.		800	»
	»			
7	**VINS** de Cte à 1/2 avec R. et Cie A ROGER et Cie.			
6	Leur 1/2 au net produit, valeur 7 août.		5,811	62
	En l'autre part. . . .		265,682	89

PARTICULIERS.		PERSONNELS.		EFFETS A RECEVOIR.		CAISSE.		PROFITS ET PERTES.		MARCHses GÉNles.	
DOIVt.	AVOIR.	DOIVt.	AVOIR.	DOIVt.	AVOIR.	DOIT.	AVOIR.	DOIVt.	AVOIR.	DOIVt.	AVOIR.
119,107 13	177,946 68	63,837 49	28,097 04	25,304 79	8,772 04	24,440 82	14,035 24	448 33	2,226 82	15,859 05	17,919 79
5,451 24	5,451 24										
324 17									324 17		
600 »							576 »		24 »		
	931 25									931 25	
2,000 »	2,000 »										
767 »							767 »				
800 »	800 »										
5,811 62	5,811 62										
134,861 16	192,940 79	63,837 49	28,097 04	25,304 79	8,772 04	24,440 82	15,378 24	448 33	2,574 99	16,790 30	17,919 79

			Totaux.	
	Apport. . . .		265,682	89
	31 *Mars* 1848.			
4	**BILLETS A PAYER** A CAISSE.			
2	Acquit de m/ effet, E/ 15 février.		1,878	45
	»			
11	**ROUENNERIE** A DIVERS, achat de 1000 douznes mouchoirs.			
2	A CAISSE. Espèces.	4,900 »	5,000	»
3	A P. et P. Escte.	100 »		
	»			
12	**TROUSSELLE** A ROUENNERIE.			
11	1000 douznes mouchoirs.		6,000	»
	»			
11	**ROUENNERIE** A P. et P.			
3	Bénéfices, et pour solde.		1,000	»
	»			
5	**NICOLO** (divers débiteurs) A LUI-MÊME (cte courant).			
10	Pour contrepasser le crédit du 2 janvier.		600	»
	»			
7	**DRAPS** de Cte à 1/2 A P. et P.			
3	Bénéfices, et pour solde.		1,461	76
	»			
3	**MARCHses Gles** A DIVERS.			
	Balance et solde des comptes suivants :			
8	A FRAIS GÉNÉRAUX.	461 50	736	50
9	A FRAIS DE MAISON.	275 »		
	»			
3	**MARCHses Gles** A PROFITS et PERTES.			
3	Bénéfices.		1,392	99
	»			
3	**PROFITS ET PERTES** A CAPITAL.			
1	Bénéfices nets suivant inventaire.		6,081	41
	»		289,834	»
	BALANCES du grand livre suivant inventaire.		104,474	16
	Avril.			

PARTICULIERS.		PERSONNELS.		EFFETS A RECEVOIR.		CAISSE.		PROFITS ET PERTES.		MARCHses GÉNles.	
DOIVt.	AVOIR.	DOIVt.	AVOIR.	DOIVt.	AVOIR.	DOIT.	AVOIR.	DOIVt.	AVOIR.	DOIVt.	AVOIR.
134,861 16	192,940 79	63,837 49	28,097 04	25,304 79	8,772 04	24,440 82	15,378 24	448 33	2,574 99	16,790 30	17,919 79
1,878 45							1,878 45				
5,000 »							4,900 »		100 »		
	6,000 »	6,000 »									
1,000 »									1,000 »		
600 »	600 »										
1,461 76									1,461 76		
	736 50									736 50	
									1,392 99	1,392 99	
	6,081 41							6,081 41			
144,801 37	206,358 70	69,837 49	28,097 04	25,304 79	8,772 04	24,440 82	22,156 69	6,529 74	6,529 74	18,919 79	17,919 79
42,916 83	104,474 16	41,740 45		16,532 75		2,284 13				1,000 »	

N° 3.

JOURNAL

1, 2, 3, 4.

Journal n° 3.

Du 2 au 31 Janvier 1848.

DIVERS **A DIVERS.**	fr. 27,752 99	pour ce qui suit :
EFFETS A RECEVOIR.	fr. 12,877 79	pour ceux entrés.
CAISSE.	» 1,923 »	» espèces entrées.
PROFITS ET PERTES.	» 393 15	» escomptes et bonifications.
MARCHses **G**les.	» 12,559 05	» celles entrées.
	27,752 99	

A B. QUEMIN, 8 effets et espèces.	2,747 40	800 »			3,547 40
A NICOLO, 200 k. coton.				600 »	600 »
A FLORIMONT, 1 pce huile.				1,560 85	1,560 85
A LEGRIS et Cie, 14 B/ coton.				7,638 »	7,638 »
A MARCADÉ et Cie, 20 C/ savon.				2,760 20	2.760 20
A PAULIN, 1 effet et espces.	2,000 »	1,000 »			3,000 »
A William **SMITH,** 1 effet.	2,796 14				2,796 14
A PAULIN, 7 effets, espces et int. pour solde.	5,334 25	123 »	325 70		5,782 95
A LEGRIS et Cie, intérêts.			67 45		67 45
	12,877 79	1,923 »	393 15	12,559 05	27,752 99

Du 2 au 31 Janvier 1848.

DIVERS **A DIVERS.**	fr. 33,081 03	pour ce qui suit:
A EFFETS A RECEVOIR.	fr. 7,343 54	pour effets sortis.
A CAISSE.	» 12,574 15	» espèces sorties.
A PROFITS ET PERTES.	» 66 30	» escomptes et bonifications.
A MARCHses **G**les.	» 13,097 04	» celles sorties.
	33,081 03	

FRAIS DE MAISON, 3 effets et espèces.	500 »	300 »			800 »
FRAIS GENERAUX, 1 effet et espèces.	1,220 40	779 60			2,000 »
DURAND, espèces.		10,000 »			10,000 »
FLORIMONT, espèces et intérêts.		1,494 55	66 30		1,560 85
BARON, de Dieppe, 1 Pce huile.				1,517 95	1,517 95
PAULIN, 14 B/ coton.				8,145 45	8,145 45
W**ILLIAM** **SMITH**, 20 C/ savon.				2,796 14	2,796 14
B. QUEMIN, 2 effets.	4,796 14				4,796 14
PAULIN, 3 Pces eau-de-vie.				637 50	637 50
LEGRIS et Cie, 3 effets.	827 »				827 »
	7,343 54	12,574 15	66 30	13,097 04	33,081 03

2 *au* 31 *Janv.* 1848.

***DIVERS* A CAPITAL.**			
B. QUEMIN, valeur 31 janvier.	30,000 »	50,000	»
CAISSE, Espèces.	20,000 »		
»			
B. QUEMIN A BARON.			
M/ Rouen, 15 Ct.		1,517	95
»			
LEGRIS et Cie *A DIVERS*, pour solde.			
A DURAND, de Paris.			
M/ m/ 31 mars.	5,000 »	6,878	45
A BILLETS A PAYER.			
M/ Bet à leur 0/, 15 février.	1,878 45		
		58,396	40

N° 4.

JOURNAL

1, 2, 3, 4.

Journal n° 4.

2 au 31 *Janv.* 1848.			
DIVERS A DIVERS, fr. 119,230 42, pour ce qui suit :			
B. QUEMIN, 2, 10, 15 janv.	36,314 09		
CAISSE, espèces du 1er au 31 ct.	21,923 »		
FRAIS DE MAISON, achat d'une pendule.	800 »		
FRAIS GÉNÉRAUX, achat d'une presse.	2,000 »		
MARCHses Gles, celles entrées du 1er au 31 ct.	12,559 05		
DURAND, 2 ct espèces.	10,000 »		
FLORIMONT, 2 ct espèces et escte.	1,560 85		
BARON, 2 ct 1 pce huile.	1,517 95		
PAULIN, 10, 20 ct 14 B/ coton, 3 pces eau-de-vie.	8,782 95		
William SMITH, 11 ct 20 C/ savon.	2,796 14		
EFFETS A RECEVOIR, du 2 au 31.	12,877 79		
LEGRIS et Cie, du 20 au 31.	7,705 45		
PROFITS ET PERTES, du 2 au 31.	393 15		
	119,230 42		
A CAPITAL, mon actif.	50,000 »		
A QUEMIN, 2 ct 8 effets et espèces.	3,547 40		
A EFFETS A RECEVOIR, 2 au 31, effets sortis.	7,343 54		
A CAISSE, 2 au 31, espèces sorties.	12,574 15		
A NICOLO, 2 au 31, 200 k. coton.	600 »		
A FLORIMONT, 2 au 31, 1 pce huile.	1,560 85		
A PROFITS ET PERTES, esctes.	66 30		
A MARCses Gles, 2 au 31, sorties.	13,097 04		
A BARON, de Dieppe, 10 au 31, 1 effet.	1,517 95	119,230	42
A LEGRIS et Cie, 10 au 31, 14 B/ coton.	7,638 »		
A MARCADÉ et Cie, 10 au 31, 20 C/ savon.	2,760 20		
A PAULIN, 11, 20, 8 effets et espèces.	8,334 25		
A William SMITH, 11, 20, 1 effet pour solde.	2,796 14		
A PAULIN, 31 espèces et intérêts.	448 70		
A DURAND, 31 m/ m/ 31 mars.	5,000 »		
A LEGRIS et Cie, 31, intérêts.	67 45		
A BILLETS A PAYER, m/ effet.	1,878 45		

N° 3.

Grand-Livre.

Doit. B. QUEMIN. Avoir.

1848					1848				
janv.	2	A capital.	32	30,000 »	janv.	2	Par divers, 8 eff. et esp.	32	3,547 40
	10	A Baron, 1 effet.	»	1,517 95	mars	31	» balance.		32,766 69
	15	A effets à rec., 2 effets.	34	4,796 14					
				36,314 09					36,314 09
mars	31	A balance.		32,766 69					

Doit. CAPITAL. Avoir.

1848					1848				
mars	31	A frais de maison.	42	800 »	janv.	2	Par divers.	32	50,000 »
»	»	A balance.		55,281 41	mars	31	» P. et P. bén. nets.	44	6,081 41
				56,081 41					56,081 41
							Par balance.		55,281 41

Doivt. EFFETS A RECEVOIR. Avoir.

1848					1848				
janv.	2	A B. Quemin.	32	2,747 40	janv.	2	Par frais de maison.	32	500 »
	11	A Paulin.	34	2,000 »		»	» frais généraux.	»	1,220 40
	»	A William Smith.	»	2,796 14		15	» Quemin.	34	4,796 14
	20	A Paulin.	»	5,334 25		20	» Legris et cie.	»	827 »
				12,877 79					7,343 54
févr.	14	A Solomé. 2	38	12,427 »	févr.	16	Par Dupont.	38	1,428 50
					mars	31	» balance.		16,532 75
				25,304 79					25,304 79
mars	31	A balance.		16,532 75					

Doit. CAISSE. Avoir.

1848					1848				
janv.	2	A capital.	32	20,000 »	janv.	2	Par frais de maison.	32	300 »
	»	A B. Quemin.	»	800 »		»	» frais généraux.	»	779 60
	11	A Paulin.	34	1,000 »		»	» Durand.	»	10,000 »
	31	A Paulin.	36	123 »		»	» Florimont.	»	1,494 55
				21,923 »					12,574 15
févr.	14	A Solomé.	38	2,517 82	févr.	2	Par vins en consigon.	36	328 »
						16	» Dupont.	38	522 59
					mars	2	» vins à 1/2.	40	328 50
						10	» vins à 1/2.	»	239 50
						25	» cotons à 1/4.	»	42 50
						31	» Nicolo.	42	576 »
						»	» divers.	»	767 »
						»	» B. à payer.	44	1,878 45
						»	» rouennerie.	»	4,900 »
						»	» balance fo 12.		2,284 13
				24,440 82					24,440 82

Doivt. PROFITS ET PERTES. Avoir.

1848					1848				
janv.	31	A Legris et compie.	36	67 45	janv.	2	Par Florimont.	32	66 30
	»	A Paulin.	»	325 70	févr.	10	» vins en consigon.	36	536 23
						16	» Dupont.	38	48 91
				393 15	mars	10	» vins de cte à 1/2.	40	1,575 38
févr.	14	A Solomé.	38	55 18		31	» cotons à 1/4.	42	324 17
mars	31	A capital.	44	6,081 41		»	» Nicolo.	»	24 »
						»	» rouennerie.	44	100 »
						»	» »	»	1,000 »
						»	» draps à 1/2.	»	1,461 76
						»	» marchses gles.	»	1,392 99
				6,529 74					6,529 74

Doivt. MARCHANDISES GÉNÉRALES. Avoir.

1848					1848				
janv.	2	A Nicolo, 200 k. coton.	32	600 »	janv.	2	Par Baron, 1 pce huile.	32	1,517 95
	»	A Florimont, 1pce huile.	»	1,560 85		10	» Paulin.	34	8,145 45
	10	A Legris, 14 B/ coton.	34	7,638 »		11	» William Smith.	»	2,796 14
	»	A Marcadé et cie.	»	2,760 20		20	» Paulin.	»	637 50
				12,559 05					13,097 04
févr.	10	A divers.	36	3,300 »	févr.	14	Par divers.	38	2,150 »
mars	31	»	42	931 25		16	» Parain.	»	2,672 75
	»	»	44	736 50					17,919 79
				17,526 80	mars	31	Par balance.		1,000 »
	»	A p. et p., bénéfices.	44	1,392 99					
				18.919 79					18,919 79
		A balance, int. en min.		1,000 »					

Doit. DURAND de Paris. Avoir.

1848					1848				
janv.	2	A caisse, esp.	32	10,000 »	janv.	31	Par Legris et c^ie, m/ m/.	36	5,000 »
					mars	31	» balance,		5,000 »
				10,000 »					10,000 »
mars	31	A balance.		5,000 »					

Doivt. BILLETS A PAYER. Avoir.

1848					1848				
mars	31	A caisse.	44	1,878 45	janv.	31	Par Legris et c^ie.	36	1,878 45

Doivt. LEGRIS et Cie., du Havre. Avoir.

1848						1848					
janv.	31	A effets à recevoir, 3.	34	a	827 »	janv.	10	Par march^ses g^les 14 b/.	34	a	7,638 »
	31	A Durand.	36	a	5,000 »		31	» profits et pertes.	36	a	67 45
	»	A B. à payer.	»	a	1,878 45						
					7,705 45						7,705 45

Doiv^{t}. DIVERS. Avoir.

Date			Articles	F°		Sommes	
1848							
janv.	2		Florimont à divers.	32	a	1,560	85
	»		Baron à march^{ses} g^{les}.	»	b	1,517	95
	10		Paulin à id.	34	d	8,145	45
	»		William Smith.	»	c	2,796	14
	20		Paulin.	»	d	637	50
						14,657	89
févr.	8		Jean à vins en cons^{on}.	36		3,500	»
	»		Paul à »	»		7,500	»
	»		Solomé »	»	c	15,000	»
	14		Lucas à march^{ses} g^{les}.	38		150	»
	»		Rogier à »	»		1,500	»
	»		Blanc à »	»		500	»
mars	25		Pierre à Dupin.	40		1,644	77
	»		Nicolas à »	»		1,644	77
	»		Thomas, Rouen. »	»		1,644	77
	»		Leblond à cotons.	40		2,436	80
	31		Nicolo à lui-même.	42	c	600	»
	»		Créditeurs à nouveau.			5,508	38
						56,287	38
	»		Jean à balance.			3,500	»
	»		Paul à »			7,500	»
	»		Lucas à »			150	»
	»		Rogier à »			1,500	»
	»		Blanc à »			500	»
	»		Leblond à »			2,436	80

Date		Articles	F°		Sommes	
1848						
janv.	2	Nicolo par march^{ses} g^{les}.	32	e	600	»
	»	Florimont par »	»	a	1,560	85
	10	Baron par Quemin.	»	b	1,517	95
	»	Marcadé et C. par m. g.	34		2,760	20
	11	Paulin par divers.	»	d	3,000	»
	»	W. Smith par E. à R. 1	»	c	2,796	14
	20	Paulin par » 7	»	e	5,334	25
	31	Paulin par divers.	36	d	448	70
					18,018	09
févr.	10	Roulland par m^{ses} g^{les}.	»		500	»
	»	Lebret par »	»		800	»
	14	Solomé par divers.	38	e	15,000	»
mars	31	Pierre par cotons.	42		1,817	08
	»	Nicolas par »	»		1,817	08
	»	Thomas par »	»		1,817	08
	»	Galot par march^{ses}.	»		400	»
	»	Jacquet par »	»		531	25
	»	Débiteurs à nouveau.			15,586	80
					56,287	38
		Marcadé et C. par B^{ce}.			2,760	20
		Roulland par »			500	»
		Lebret par »			800	»
		Nicolas par »			172	31
		Pierre par »			172	31
		Thomas par »			172	31
		Galot par »			400	»
		Jacquet par »			531	25

Doivt. Vins en Consignation T. Avoir.

1848					1848				
févr.	2	A Caisse.	36	328 »	fév.	8	Par divers.	36	26,000 »
	8	A Divers.	»	25,672 »					
				26,000 »					26,000 »

Doivt. ROGER et Cie., de Marseille. Avoir.

1848					1848				
févr.	16	A Gaudu et Cie.	38	6,000 »	févr.	28	Par Vins de Cte à 1/2.	38	4,500 »
	28	A draps de Cte à 1/2.	»	7,461 76	mars	31	Par vins à 1/2 (D[illegible]s le 10)	42	5,811 62
						31	A Balance.	»	3,150 14
				13,461 76					13,461 76
mars	31	A Balance.		3,150 14					

Doivt. DUPIN et Cie., du Havre. Avoir.

					1848				
					mars	25	Par divers.	40	6,579 10

Doivt DRAPS de Compte à demi avec R. et C. Avoir.

1848						1848					
févr.	16	A Gaudu et Cie.	38	a	6,000 »	févr.	28	Par Roger et Cie (Dès le 16)	38	a	7,461 76
mars	31	A Profits et Pertes.	44	a	1,461 76						
					7,461 76						7,461 76

Doivt. COTONS de Compte à quart avec P. N. T. Avoir.

1848						1848					
mars	25	A Dupin et Cie. m/ 1/4	40	a	1,644 79	mars	25	Par divers.	40	a	7,462 70
	»	A Caisse.	»	a	42 50						
	31	A Divers.	42	a	5,451 24						
	»	A Caisse.	»	a	324 17						
					7,462 70						7,462 70

Doivt. VINS de Compte à demi avec R. et C. Avoir.

1848					1848				
févr.	28	A Roger et Cie.	38	4,500 »	mars	2	Par Nicolo.	40	4,000 »
mars	2	A Caisse.	40	328 50		4	Par Pierret.	»	4,155 »
	31	A Roger et Cie (Dès le 10)	»	5,811 62		»	Par William.	»	4,300 »
	»	A divers.	»	1,814 88					
				12,455 »					12,455 »

Doiv^t. GAUDU et Cie., d'Elbeuf. Avoir.

1848					
févr.	16	Par divers.	38	12,000	»

Doit. THOMAS, de Bordeaux. Avoir.

1848					
févr.	10	Par Vins en consig^on.	36	25,105	27

Doiv^t. FRAIS GÉNÉRAUX. Avoir.

1848							1848						
janv.	2	A divers, 3 eff. et Esp.	32	a	2,000	»	févr.	10	Par vins en consig^on.	36	a	30	50
mars	31	A Caisse.	42	a	492	»	mars	31	Par mobil. indutriel.	42	a	2,000	»
							»	»	Par march^ses génér^les.	44	a	461	50
					2,492	»						2,492	»

Doivt. FRAIS DE MAISON. Avoir.

1848						1848					
janv.	2	A divers.	32	a	800 »	mars	31	Par capital.	42	a	800 »
mars	31	A Caisse.	42	a	275 »	»	»	Par marchses génévles.	44	a	275 »
					1,075 »						1,075 »

Doit. C. PARAIN, d'Amiens. Avoir.

1848				
févr.	16	A marchses générles.	38	2,672 75

Doit. DUPONT, de Rouen. Avoir.

1848						1848					
févr.	16	A divers.	38	a	2,000 »	févr.	10	Par marchses générles.	36	a	2,000 »

Doit. NICOLO, Rouen. Avoir.

1848 mars	2	A Vins à 1/2.	40	4,000 »	1848 mars	31	Par lui-même.	44	600 »
»	31	A divers.	42	600 »	»	»	Par balance.	»	4,000 »
				4,600 »					4,600 »
		A balance.		4,000 »					

Doit. PIERRET, Rouen. Avoir.

1848 mars	2	A vins de compte à 1/2.	40	4,155 »

Doit. WILLIAM, Lille. Avoir.

1848 mars	6	A vins à 1/2.	40	4,300 »

Doit. LURIN, de Rouen. Avoir.

1848 mars	25	A coton à 1/4.	40	5,025 90

Doit. MOBILIER INDUSTRIEL. Avoir.

1848 mars	31	A frais généraux.	42	2,000 »

Doit. ROUENNERIE. Avoir.

1848 mars	31	A divers.	44	5,000 »	1848 mars	31	Par Troussel.	44	6,000 »
»	»	A Profits et Pertes.	»	1,000 »					
				6,000 »					6,000 »

Doit. TROUSSELLE, du Havre. Avoir.

1848 mars	31	A rouennerie.	44	6,000 »

Doit. CAISSE. Avoir.

1848 mars	31	A balance, f° 2.		2,284 13

N° 4.

DE VENTE.

COMPTES DE VENTES.

N° 1.

Rouen, 10 février 1848.

COMPTE DE VENTE, Frais et produit net à 100 barriques vin, reçues d'envoi de M. THOMAS, de Bordeaux, et vendues comme suit :

SAVOIR : 10 barriques vin de Bordeaux.	valeur 31 août,		150 »	1,500 »
10 » » »			200 »	2,000 »
30 » » »	» 30 novembre.		250 »	7,500 »
50 » » »	» 15 décembre.		300 »	15,000 »
				26,000 »
FRAIS :				
2 février, connaissement.			328 »	
port de lettres.		2 »		
aux camionneurs.		25 »	30 50	894 73
tonnelier.		3 50		
commission 2 %.			520 »	
297 jours d'intérêts du 2 février au 26 novembre sur fr. 328.			16 23	
Net produit, Epoque commune, 26 novembre courant.				25,105 27

Sauf erreur ou omission.

De chez D.

N° 2.

Amiens, 15 février 1848.

COMPTE DE VENTE, Frais et produit net à 8 pièces de vin rouge, 5 pièces vin de Beaune et 5 pièces vin blanc, reçues d'envoi de M. Dominique, de Rouen, et vendues pour son compte comme suit :

SAVOIR : 8 pièces vin rouge, valeur 31 mars à	85 »	680 »
4 » vin Beaune, » 25 avril.	317 »	1,268 »
1 » » » » 5 mai.	325 »	325 »
3 » » blanc, » 15 »	110 »	330 »
2 » » » » 31 »	120 »	240 »
		2,843 »
FRAIS :		
Lettres de voiture et pour boire.	108 50	
Port de lettres.	1 »	
Réparations aux fûts.	3 50	170 25
Commission 2 %.	57 25	
Net produit, valeur 25 avril courant.		2,672 75

Sauf erreur ou omission.

De chez PARAIN.

N° 3.

Marseille, 28 février 1848.

COMPTE DE VENTE, Frais et produit net à 50 pièces drap bleu, reçues d'envoi de M. Dominique, de Rouen, de compte à 1/2 avec lui, et vendues comme suit :

SAVOIR : 10 pièces 200m	valeur 20 juin.	12 »	2,400 »
10 » 222m	» 25 juillet.	11 50	2,553 »
10 » 217m	» 25 août.	13 »	2,821 »
10 » 208m	» 24 septembre.	12 75	2,652 »
10 » 350m	» 10 octobre.	14 »	4,900 »
50 » 1197m			15,326 »
3m raccours.			
1200m			
FRAIS :			
Connaissement au capitaine Studer.		227 50	
Carue au débarquement.		6 25	
Port de lettres.		2 »	
Aux douaniers.		6 »	
		241 75	
Commission 1 %.		153 26	402 48
Intérêts sur mes débours 6te 1/5.		7 47	
Époque commune, valeur 31 août.			14,923 52

Fr. 7,461 76, au crédit de M. Dominique.

Sauf erreur ou omission.

De chez R. et Cie.

N° 4.

Rouen, 31 mars 1848.

Compte de Vente. Frais et produit net, à 15 balles coton Floride, achetées de compte à 1/4 avec Pierre, Nicolas et Thomas, de Rouen, et dont j'ai effectué la vente comme suit :

Savoir : 5 balles, net 761 k., valeur 28 février 1849.	3 20	2,436 80
10 » » 1523 k., » 25 avril.	3 30	5,025 90
15 balles.		
FRAIS :		7,462 70
Acquit du connaissement.	42 50	
Intérêt du 25 mars 1848, au 6 avril 1849, 377 jours s/ 42 50.	2 64	194 39
Commission 2 °/₀.	149 25	
Époque commune, 6 avril 1849.		7,268 31

1/4 1817 08 au crédit de Pierre.
1/4 1817 08 » » de Nicolas.
1/4 1817 08 » » de Thomas.
1/4 1817 07 pour mon compte.
7268 31

Sauf erreur ou omission.
De chez D.

N° 5.

Rouen, 10 mars 1848.

Compte de Vente, Frais et produit net à 30 barriques de vin, reçues d'envoi de MM. Roger et Cie., de Marseille, vendues pour leur compte comme suit :

Savoir : 10 barriques, valeur 15 mars.		400 »	4,000 »
10 » » 30 septembre.		415 50	4,155 »
10 » » 31 octobre.		430 »	4,300 »
30 barriques.			12,455 »
FRAIS :			
Acquit du connaissement du capitaine Larré.		328 50	
Carue au débarquement.		15 »	
Au douanier.		4 50	
Droits.		220 »	
		568 »	
Intérêts sur mes débours 155 jours.	14 67	263 77	831 77
Commission 2 °/₀ sur fr. 12,455.	249 10		
Époque commune, 7 août.			11,623 23

Fr. 5,811 62, au crédit de Roger et Cie.

Sauf erreur ou omission.
De chez D.

N° 3.

COMPTES COURANTS

ET

D'INTÉRÊT.

Comptes Courants.

N° 1. *Par fractions.*

DOIT M. **PAULIN**, époque 31 janvier 1848, intérêts 6 %.

1848									
Janv.	10	8,145 45		Facture à 14 B/ coton, valeur.	10	novembre.	9 1/3		380 10
	20	637 50		» 3 pièces eau-de-vie.	20	août.	6 2/3		21 25
		8,782 95							

AVOIR.

1848									
Janv.	11	3,000 »	2,000 »	Paris.	15	janvier	1/2	»	5 »
			1,000 »	Espèces.			2/3	»	3 33
			800 »	Dieppe.	15	mars.	1 1/2	6 »	
			1,000 »	Bolbec.	31	»	2	10 »	
			428 50	Nimes.	5	avril.	2 1/6	4 63	
	20	5,334 25	1,500 »	Marseille.	10	»	2 1/3	17 50	
			408 75	Bordeaux.	25	»	2 5/6	5 80	
			350 »	Lille.	30	»	3 5/6	5 25	
			847 »	Brest.	15	mai.	3 1/2	14 80	
				Che 3/8 sur fr. 5,334.				20 »	
		325 70		Balances des intérêts.				325 70	
		123 »		Espèces pour solde.					
		8,782 95						409 68	409 68

Sauf erreur ou omission.

Rouen, 31 janvier 1848.

De chez **DOMINIQUE.**

N° 2. *Par jours.*

DOIT M. **PAULIN**, époque 31 janvier 1848.

1848									
Janv.	10	8,145 45		Facture à 14 B/ coton, valeur.	10	novembre.	283		384 17
	20	637 50		» 3 pièces eau-de-vie.	20	août.	201		21 33
		8,782 95							

AVOIR.

1848									
Janv.	11	3,000 »	2,000 »	Paris.	15	janvier.	16	»	5 33
			1,000 »	Espèces.			20	»	3 33
			800 »	Dieppe.	15	mars.	43	5 73	
			1,000 »	Bolbec.	31	»	59	9 83	
			428 50	Nimes.	25	avril.	64	4 56	
	20	5,334 25	1,500 »	Marseille.	10	»	69	17 25	
			408 75	Bordeaux.	25	»	84	5 71	
			350 »	Lille.	30	»	89	5 19	
			847 »	Brest.	15	mai	104	14 68	
				Che 3/8 % sur fr. 5,334.				20 »	
		331 21		Balance des intérêts.				331 21	
		117 49		Espèces pour solde.					
		8,782 95						414 16	414 16

Sauf erreur ou omission.

Rouen, le 31 janvier 1848.

N° 3. *Par nombres.*

DOIT M. PAULIN, époque, 31 janvier.

1848									
Janv.	10	8,145 45		Facture à 14 B/ valeur.	10	novembre.	283		230,303
	20	637 50		» à 3 pièces eau-de-vie.	20	août.	201		12,803
		8,782 95							

AVOIR.

1848									
Janv.	11	3,000 »	2,000 »	Paris.	15	janvier.	16	»	3,200
			1,000 »	Espèces.			20	»	2,000
			800 »	Dieppe.	15	mars.	43	3,440	
			1,000 »	Bolbec.	31	»	59	5,900	
			428 50	Nîmes.	5	avril.	64	2,739	
	20	5,334 25	1,500 »	Marseille.	10	»	69	10,350	
			408 75	Bordeaux.	25	»	84	3,427	
			350 »	Lille.	30	»	89	3,115	
			847 »	Brest.	15	mai.	104	8,808	
			351 21	Balance des nombres divisés par 60.				210,727	
		331 21	20 »	Che 3 °/o sur fr. 5,334.					
		117 49		Espèces pour solde.					
		8,782 95						248,506	248,506

Sauf erreur ou omission.

N° 4.

AVOIR MM. LEGRIS et Cie, époque 15 février 1848.

1848									
Janv.	10	7,638 »		Facture à 14 B/ coton, valeur.	20	janvier.	5/6		31 80
		67 45		Intérêts.				67 45	
		7,705 45							

DOIT

1848									
			227 »	Havre (1).	20	janvier.	5/6	95	
Janv.	20	827 »	200 »	Yvetot.	25	»	2/3	65	
			400 »	Marseille.	31	»	1/2	1 »	
	31	5,000 »		Paris (1).	»	mars.	1 1/2		37 50
				Che 1/8 sur fr. 600.					75
		1,878 45		Mon bon 15 février.					
		7,705 45						70 05	70 05

Sauf erreur ou omission.

Rouen, 31 janvier 1848.

De chez DOMINIQUE.

(1) Les valeurs sur Paris et Havre se négocient constamment au pair sur la place de Rouen.

N° 5.

DOIT M. SOLOMÉ, de Rouen, époque 10 février 1848.

1848									
févr.	8	15,000 »		50 barriques vin.	15	avril.	64		160 »

AVOIR.

1848									
févr.	10	12,427 »	8,427 »	Bordeaux.	31	mars.	49	68 82	
			4,000 »	Marseille.	5	avril.	54	36 »	
		55 18		Balance des intérêts.				55 18	
		2 517 82		Espèces pour solde.					
		15,000 »						160 »	160 »

Sauf erreur ou omission.

Rouen, 10 février 1848.

N° 6.

AVOIR M. DUPONT, de Rouen, époque 31 janvier.

1846 févr.	10	2,000 »		Facture à 10 B/ vin Beaune, 3 %.	28	février.	1	10 »	
								60 »	

DOIT.

1848									
			200 »	Rouen.	5	novembre.	9 1/6		9 16
févr.	16	1,428 50	800 »	Dieppe.	15	mars.	1 1/2		6 »
			428 50	Rouen.	5	avril.	2 1/6		4 63
		48 91		Balance des intérêts.					48 91
		522 59		Espèces.			1/2		1 30
		2,000 »						70 »	70 »

Sauf erreur ou omission.

Rouen, 15 février 1848.

Modèle.

DOIT M. GASPARD, son compte courant, époque 10 avril.

1848								
Janv.	10	500 »	250 »	Espèces.	10	janvier.		
			250 »	Paris.	12	»	2	5
	12	403 »		»	17	mars.	66	265
févr.	15	450 »		»	5	avril.	85	382
	20	650 »	300 »	»	10	»	90	270
			350 »	»	20	»	100	350
		10 36		Che 3/4 % sur fr. 1,384 25, déplacé fr. 226 25, balance 90 jours.				203
		10 10		Intérêt sur la balance des nombres.				617
		205 79		Balance créditeur au 10 avril.				
		2,229 25						2,092

AVOIR.

1848								
janv.	14	350 »	140 »	Havre.	15	avril.	95	133
			210 »	Rouen.	17	»	97	203
	15	204 25		Nîmes.	31	janvier.	21	42
	17	130 »		Bordeaux.	8	février.	29	37
févr.	22	1,050 »	800 »	Lyon.	5	mai.	115	920
			250 »	»	15	»	125	312
	24	495 »		Rouen.	10	avril.	90	445
		2,229 25						2,092

Sauf erreur ou omission.

Rouen, 25 février 1848.

De chez D.

N° 6.

ET

INVENTAIRE.

BALANCE.

31 JANVIER 1848.

1	QUEMIN.	36,314 09	3,547 40	32,766 69	
»	CAPITAL.		50,000 »		50,000 »
2	EFFETS A RECEVOIR.	12,877 79	7,343 54	5,534 25	
»	CAISSE.	21,923 »	12,574 15	9,348 85	
»	PROFITS ET PERTES.	393 15	66 30	326 85	
3	MARCHANDISES GÉNÉRALES.	12,559 05	13,097 04		537 99
»	DURAND.	10,000 »	5,000 »	5,000 »	
»	BILLETS A PAYER.		1,878 45		1,878 45
4	DIVERS.	14,657 89	18,018 09		3,360 20
5	LEGRIS et Cie.	7,705 45	7,705 45		
9	FRAIS GÉNÉRAUX.	2,000 »		2,000 »	
»	FRAIS DE MAISON.	800 »		800 »	
		119,230 42	119,230 42	55,776 64	55,776 64

Inventaire au 31 Mars 1858.

				ACTIF.	PASSIF.
	Débiteurs en comptes courants.				
1	B. QUEMIN.	balance.	32,766 69		
4	DURAND.	»	5,000 »	40,916 83	
6	ROGER et Cie.	»	3,150 14		
	Débiteurs particuliers.				
2	EFFETS A RECEVOIR,	en porte-feuillle.	16,532 75		
3	MARCHANDISES GÉNÉRALES,	en magasin.	1,000 »	21,816 88	
11	MOBILIER INDUSTRIEL,	une presse.	2,000 »		
12	CAISSE,	espèces.	2,284 13		
	Débiteurs pour marchandises.				
5	JEAN.	balance.	3,500 »		
»	PAUL.	»	7,500 »		
»	LUCAS.	»	150 »		
»	ROGIER.	»	1,500 »		
»	BLANC.	»	500 »		
»	LEBLOND.	»	2,436 80		
9	PARAIN.	»	2,672 75	41,740 45	
10	NICOLO.	»	4,000 »		
»	PIERRET.	»	4,155 »		
»	WILLIAM.	»	4,300 »		
11	LURIN.	»	5,025 90		
»	TROUSSELLE.	»	6,000 »		
	Créditeurs.				
5	MARCADÉ et Cie.	balance.			2,760 20
»	ROULLAND.	»			500 »
»	LEBRET.	»			800 »
»	NICOLAS.	»			172 31
»	PIERRE.	»			172 31
»	GALOT.	»			400 »
»	THOMAS, de Rouen.	»			172 31
»	JACQUET.	»			531 25
6	DUPIN et Cie.	»			6.579 10
8	GAUDU et Cie.	»			12,000 »
»	THOMAS, de Bordeaux.	»			25,105 27
					49,192 75
1	CAPITAL.	balance.			55,281 41
				104,474 16	104,474 16

Sauf erreur ou omission.

N° 7.

Observations.

Observations.

J'ai dit dans l'introduction de mon ouvrage, que le principe de la tenue de livres en partie double : *est qu'il n'y a pas de Débit sans Crédit*; c'est pour cela qu'on appelle cette comptabilité : partie double.

Abordons maintenant le principe simplement. Il faut établir, dans ces sortes d'écritures, quatre comptes généraux principaux qu'on appelle : Effets à Recevoir ou Traites et Remises, Caisse, Profits et Pertes, Marchandises Générales; ces comptes sont, pour ainsi dire, personnifiés et doivent, par conséquent, jouer le principal rôle, puisqu'ils représentent le commerçant chez lequel se tient la comptabilité.

Quelques exemples vont suffire, je le pense, pour faire comprendre facilement les explications qui précèdent. Supposons que j'achète à Pierre, fr. 100 de marchandises. Je dois naturellement le créditer et débiter Marchandises Générales; que je revende ces marchandises fr. 130, à Jean; il devra en être débité, et les Marchandises Générales créditées.

C'est ainsi que doivent se passer ces deux articles :

« Marchandises Générales à Pierre pour (désigner les marchandises.), ... fr. 100

« Jean à Marchandises Générales (désigner les marchandises). . . . . fr. 130

Même principe pour les Effets à recevoir, et pour la Caisse; quant aux Profits et Pertes, ce qu'on porte au débit est une perte réelle et alors ce qu'on porte au crédit est un bénéfice pour le commerçant.

Il faut bien se pénétrer que tout ce qui entre, soit Effets à recevoir, Espèces ou Marchandises, doit être porté au débit de ces comptes, et par la conséquence opposée, tout ce qui sort doit être porté au crédit.

Il est utile de faire remarquer qu'il y a des maisons, quand elles ont des marchandises différentes et en petit nombre, qui ouvrent des comptes à chaque espèce, comme Cafés, Indigos, Vins, Cotons, etc.; de cette manière, on se rend un compte précis des résultats qu'on a obtenus sur chaque sorte. Quand on vend alors plusieurs de ces marchandises, il faut avoir soin de créditer exactement chaque compte; exemple :

Je vends à Thomas, 1 b/ coton et 1 bque vin; je dis;

« Thomas à Divers, (relater les conditions.)

« à Cotons, 1 b/ coton, net 250 k. à fr. 2	500	800
« à Vins, 1 bque vin, « «	300	

Dans cette circonstance, le Journal n° 2 ne serait pas admissible, puisqu'il y a deux colonnes exclusivement réservées au débit et au crédit des Marchandises Générales; quand il y a un grand nombre de marchandises différentes, comme dans l'épicerie, la quincaillerie, etc., il vaut mieux agglomérer le tout et n'avoir qu'un compte aux Marchandises Générales; en définitive, tout cela est facultatif.

Je n'ai pas vu la nécessité de reproduire aux Journaux nos 3 et 4 toutes les opérations contenues dans la méthode, j'ai seulement composé ces Journaux de tous les articles de janvier. Cela devra suffire à l'intelligence des personnes qui se décideraient à adopter ces modèles.

On voit que les comptes généraux au Journal n° 3, sont primitivement débités par le crédit des Particuliers, et ces mêmes comptes sont ensuite crédités par le débit des particuliers; or, les comptes particuliers comme les comptes généraux *entr'eux* se placent à la fin, il ne peut pas en être autrement.

Les opérations formant tout le mois de janvier, sur les Journaux n° 3 et 4, peuvent souvent ne faire qu'une faible fraction de celles qui sont journalières, dans une maison importante; on pourrait alors, dans ce cas, adopter ces Journaux pour les opérations de chaque jour.

La balance faite au 31 janvier, est la preuve que les écritures ont été portées régulièrement; les additions totales du Grand-Livre coïncident parfaitement avec celles des Journaux n° 1, 2, 4; quant au Journal n° 3, il faut, pour se convaincre de la régularité, assembler les trois sommes totales, on verra qu'elles produisent également fr. 119,230, 42.

Une fois cette épreuve acquise, j'additionne les comptes du Grand-Livre, afin de rendre plus faciles les balances ultérieures. Toutes les fois qu'on fait une balance, il faut toujours s'assurer des additions totales du Mémorial et du Journal, elles doivent être constamment conformes à celles du Grand-Livre; autrement des erreurs pourraient couver longtemps, et, par cela même, porter un préjudice notable à l'intérêt d'une maison.

Il sera facile maintenant de se convaincre de tous les principes que j'ai définis précédemment, par les explications numérotées qui vont suivre et qui se rapporteront avec toutes les écritures passées.

1.

Cet article présente deux débiteurs et un créditeur. Quemin et Caisse sont débiteurs, et le Capital créditeur. Dans la rédaction de tous les articles au Journal, le mot doit est toujours sous entendu; Divers à Capital signifie que Divers doivent à Capital.

2.

Quemin me remet des effets et des espèces, je dois le créditer et c'est ainsi que je dois opérer; quelques maisons passent de suite ces sortes d'articles à partie double; mais le moyen que j'indique est plus bref et par conséquent, préférable; ne voit-on pas d'un coup d'œil que ce sont les Effets à recevoir et la Caisse qui doivent être débités au Journal, puisque les Effets comme les Espèces entrent chez moi. J'évite par là tous ces mots au mémorial : Divers, Effets à Recevoir, Caisse,

3.

On distingue dans quelques maisons de Commerce le Compte de Frais de maison et de Frais Généraux ; c'est ce que je fais ici. J'ai sorti de chez moi un Effet et des Espèces pour achat d'une pendule. Je dois donc créditer ces deux derniers Comptes par le débit de Frais de maison.

4.

Même remarque qu'à l'article précédent. Il faut avoir soin, en passant ces premières Écritures au Mémorial, de désigner les Effets partiellement, de relater l'Échéance, le Pays où ils sont payables, et d'en faire ensuite l'addition, pour qu'on ait sous les yeux la somme totale quand on vient à passer cette Écriture au Journal, où l'on fait d'usage beaucoup d'abréviations. On pourrait porter, si cela convenait, cet article comme le précédent, à un Compte spécial, l'un à un Compte intitulé: Mobilier, et l'autre à Mobilier industriel ; cela est facultatif.

5.

Je crédite Nicolo des cotons que je lui ai achetés, par le débit des Marchandises Générales.

6.

Je remets fr. 10000, Espèces à Durand. Je l'en débite par le crédit de la Caisse.

7, 8.

Même observation qu'au N° 5. Il est toutefois à propos de faire remarquer que, quand ces articles se trouvent soldés le jour même, ils peuvent être simplifiés quand on a l'habitude de la Comptabilité. On peut, par exemple, débiter de suite les Marchandises Générales, puisqu'elles entrent en Magasin, et créditer la Caisse et les Profits et Pertes. De cette manière, on éviterait le débit et le crédit de Florimond, et l'Écriture n'en serait pas moins régulière.

9.

Il est naturel de débiter Baron par le crédit des Marchandises Générales.

10.

Baron me remet pour me solder, un mandat payable 15 janvier, je le négocie immédiatement à B. Quemin, donc je débite ce dernier par le crédit de Baron. Je dispense, par ce moyen, l'entrée de cet effet.

11.

Je crédite Legris et Cie par le débit de Marchandises Générales.

12.

Je débite Paulin de ces 14 b/ coton fr. 8,145, 45, valeur à 5 °/₀ Dte du 10 janvier; on voit que les conditions peuvent différer d'une place à l'autre; les prix sont donc calqués en conséquence.

13.

J'ai acheté 20 c/ savon à Marcadé et Cie, leur fre se monte à fr. 2,760, 20, valeur 15 Janvier, escompte déduit, ils sont donc crédités.

14.

J'ai revendu, moyennant 1 °/₀ de commission, ces 20 c/ savon à William Péterson, j'ai donc du le débiter de fr. 2,790 14.

15.

Paulin me remet 1 effet et espèces; je l'en crédite par le débit des effets à recevoir et de Caisse.

16.

Je crédite William Péterson, pour solde, pour 1 effet qu'il m'a adressé.

17.

Je débite Quemin de 2 effets que je lui ai remis.

18.

Paulin est crédité des effets qu'il me remet, par le débit des effets à recevoir.

19.

Paulin est ensuite débité des 3 p/ eau-de-vie, par le crédit des Marchandises Générales.

20.

Legris et Cie sont débités des 3 effets que je leur ai adressés par le crédit des effets à recevoir.

21.

Je crédite Paulin pour solde, pour les espèces qu'il me remet et des intérêts qui lui reviennent suivant les Comptes courants, nos 1. 2. 3. sur un desquels j'ai fait cette écriture. J'ai présenté le même compte par fractions et par jours; on voit, d'un coup d'œil, la différence: on peut donc choisir le modèle qui convient le mieux à son genre d'opération; en général, les intérêts par jour présentent plus de précision.

22.

Je forme un mandat, sur Durand de Paris, que je négocie immédiatement à Legris et Cie J'ai donc du passer de suite l'écriture en partie double. C'est ce qu'on appelle débiter l'un par le crédit de l'autre; Legris et Cie sont en effet débités par le crédit de Durand; on est, par cette écriture, abstenu d'entrer l'effet.

23.

Je crédite Legris et Cie pour les intérêts résultant du Compte courant n° 4.

24.

Je les débite ensuite par le crédit des billets à payer pour l'effet que je souscris à leur ordre, et qui forme la balance et le solde du compte courant précité.

25.

Je reçois de Thomas de Bordeaux 100 bques vin en consignation; je dois donc débiter ces marchandises pour le connaissement que j'acquitte.

26.

Je vends ces marchandises à des prix et époques différentes, j'en passe écriture de suite en partie double.

27.

Je remets le Compte de vente aux 100 barriques vin vendues pour compte de Thomas de Bordeaux. Je dois créditer les comptes suivants : Frais Généraux, Profits et Pertes et Thomas, par le débit des vins en consignation T; il est clair, qu'une fois ces 3 comptes crédités, les vins en consignation doivent naturellement se trouver soldés. Il est important de faire remarquer qu'on doit ici créditer les Frais Généraux, dans la supposition où l'on est, qu'on ne paye que tous les 15 jours, ou tous les mois, les ports de lettre, Tonneliers, Camionneurs, etc, en conséquence, comme on débite les Frais Généraux de ces sortes de mémoires, ils doivent, dans cette circonstance, être crédités, puisque ces frais concernent spécialement Thomas.

28.

J'ai acheté de plusieurs personnes des vins à divers prix et conditions, je les crédite par le débit de Marchandises Générales.

29.

Je vends à diverses personnes une partie des marchandises de l'article précédent. Je les débite et j'en crédite Marchandises Générales.

30.

Solomé me solde ma facture 8 février (compte courant n° 5), je dois le créditer pour solde par le débit des 3 Comptes Généraux.

31.

J'ai expédié à Parain d'Amiens 18 p/ vins divers, pour qu'il en effectue la vente pour mon compte; il me remet le compte; je dois donc le débiter du net produit, par le crédit des Marchandises Générales; il est utile, dans cette circonstance, de prendre note des Marchandises qu'on expédie. Il arrive souvent qu'on débite les marchandises en consignation chez *tel*, par le crédit des Marchandises Générales; dans ce cas, il faut donner des limites qui soient d'accord avec la somme portée au livre d'expéditions; d'après le compte de vente que doit remettre le correspondant, on le débite du net produit par le crédit des marchandises en consignation, chez *tel*, et la différence se passe par Profits et Pertes.

32.

Je remets à Dupont 3 effets à diverses échéances. J'établis un compte d'intérêts (n° 6), et je le solde avec fr. 522 59, espèces; il est débité par le crédit des 3 Comptes Généraux.

33.

J'achète chez Gaudu et Cie, fr. 12,000 de draps de compte à 1/2, avec Roger et Cie, de Marseille; je les leur expédie pour qu'ils en effectuent la vente. Je dois donc les débiter de la 1/2 de la facture, soit fr. 6,000.

34.

Le Compte de vente m'est remis par Roger et Cie, je dois évidemment les débiter par le crédit de draps de Compte à 1/2 avec R. et Cie; d'après ces écritures, il est clair que mon bénéfice est de fr. 1,461 76, sauf la différence des intérêts que je dois à Gaudu et Cie, sur fr. 6,000, pour ma 1/2 valeur 31 mai avec cette valeur 31 août, fr. 4,761 76, dont je débite Roger et Cie

35.

Roger et Cie, de Marseille, m'expédient 30 bques vin, pour être vendues de Compte à 1/2 avec eux; ils me remettent facture montant à fr. 9,000, valeur 30 septembre, donc je dois les créditer de fr. 4,500, par le débit des vins de Compte à 1/2 avec R. et Cie.

36.

On doit donc débiter les vins de Compte à 1/2, avec R. et Cie, du montant du Connaissement.

37, 38, 39.

Ces trois articles se ressemblent, ils constatent que j'ai vendu les vins qui m'ont été adressés; on voit qu'il faut débiter les personnes par le crédit des vins de Compte à 1/2 avec R. et Cie; il ne faut jamais perdre de vue que, quand les Marchandises sont vendues à des conditions et époques différentes, soit en participation, soit en consignation, il est dans l'ordre de la comptabilité de dresser le compte de vente avec une époque commune.

40.

D'après le compte de vente que j'établis, il est évident que je dois créditer Roger et Cie, de leur 1/2 valeur commune 7 août, par le débit des vins de Compte à 1/2 avec R. et Cie.

41.

Je débite pour solde le compte de vins de Compte à 1/2 avec R. et Cie, par le débit de la caisse pour mes débours relatés au Compte de vente et des Profits et Pertes, pour intérêts, commission et ma participation au bénéfice.

42.

J'achète au Havre à Dupin et Cie, 15 b/ coton floride de compte à 1/4 avec Pierre, Nicolas et Thomas de Rouen ; ces marchandises me sont expédiées, pour que j'en effectue la vente moyennant 2 °/o commission; la facture d'achat se monte à f. 6,579 10, valeur 20 juin.

Il est naturel de débiter primitivement Pierre, Nicolas et Thomas à cotons de Compte à 1/4 avec P. N. T., pour chacun 1/5 valeur 20 juin, par le crédit Dupin et Cie.

43.

Je débite cotons de Compte à 1/4 avec P. N. T. par Caisse pour l'acquit du connaissement.

44.

Je vends ces 15 b/ coton à des prix et époques différentes, je dois débiter les personnes auxquelles j'ai vendu par le crédit des cotons à 1/4 avec P. N. T.

45.

J'établis le Compte de ventes à 15 b/ coton floride, il présente un net produit de f. 7268, 31, époque commune 6 avril 1848. Je dois donc créditer Pierre, Nicolas et Thomas, de Rouen, pour chacun un 1/4 par le débit des cotons de Compte, à 1/4 avec P. N. T.

46.

Je dois ensuite débiter les cotons de Compte à 1/4 avec P. N. T. par le crédit des Profits et Pertes, pour intérêts, commission, bénéfices et pour solde.

47.

J'ai payé mon effet échu 15 février, j'ai donc débité le compte de billets à payer, et crédité la Caisse.

48.

J'ai soldé la facture que je devais à Nicolo; j'ai donc du le débiter par le crédit de la Caisse et des Profits et Pertes.

49, 50.

J'ai crédité Galot et Jacquet par le débit des Marchandises Générales.

51.

J'ai jugé à propos de contrepasser des Frais Généraux les f. 2000, payés pour la presse. J'ai ouvert, en conséquence, un compte à mobilier industriel, et je l'ai débité de cette somme par le crédit des frais généraux.

52.

Je débite les frais de maison et les frais généraux par le crédit de la Caisse pour dépenses concernant le Commerce et les frais de ménage.

53.

Même écriture qu'au No 51. J'ai aussi jugé à propos de contrepasser les f. 800, pour l'achat d'une pendule, et de les porter au débit du Compte Capital.

54.

J'achète au comptant, sous l'escompte de 2 °/o, 1000 douzaines mouchoirs, j'en débite rouennerie par le crédit de la Caisse et des Profits et Pertes. Mon intention étant de faire souvent des opérations en rouennerie, j'ai jugé à propos d'ouvrir un compte spécial, afin de connaître, toutefois et quant, les résultats que produiront ces marchandises.

55.

Je revends ces mouchoirs à Trousselle, du Havre, je l'en débite par le crédit de rouennerie.

56.

Je débite immédiatement le compte de rouennerie par Profits et Pertes, pour mon bénéfice.

57.

J'ai jugé à propos d'ouvrir un compte à Nicolo, et il est créditeur de f. 600. aux divers débiteurs. Je le débite alors à ce dernier compte, et je porte le crédit à son compte ouvert.

Quand il arrive qu'on porte une somme au débit d'un compte au lieu d'un autre; le même moyen est, pour ainsi dire, employé. Supposons que j'aie porté f. 1000 au Grand-Livre, au débit de Jacques, qui devaient figurer au débit de Paul. J'écris au Mémorial : Paul à Jacques f. 1000, pour contrepasser l'article du ...... porté à tort au compte crédité, f. 1000.

58.

Je débite le compte de draps de compte à 1/2 avec R. et Cie, par Profits et Pertes, pour bénéfices résultant de cette opération.

59.

Pour préparer l'inventaire, j'éteins les comptes de frais généraux et de frais de maison, j'en porte les balances aux Marchandises Générales, ce dernier compte devant supporter tous les frais.

60.

Le débit des marchandises générales présente fr. 17,520 80, et le crédit, f. 17,919 79, il me reste encor en magasin f. 1,000 de marchandises qui se composent de 200 k. coton, f. 600 et 200 k. sucre, f. 400. Je dois, en conséquence, débiter les Marchandises Générales de f. 1,392 99 par profits et pertes, pour bénéfices; à l'aide de ce débit, je vais faire ressortir à compte nouveau les f. 1000 de marchandises restant. Il est indispensable, au moment de l'inventaire, d'avoir le relevé exact des marchandises restant en magasin, évaluées d'après le cours de la place ou d'après les factures d'achat; on passe la différence par profits et pertes, de manière à ce que la Balance à nouveau soit exactement conforme à la somme trouvée.

61.

Le compte de profits et pertes présente une balance de f. 6081, 41; ce sont les bénéfices que j'ai faits jusqu'à ce jour, je débite alors ce compte par le crédit de mon capital; là se terminent toutes les opérations.

CONCLUSION.

On pourrait étendre à l'infini une méthode de tenue de Livres. La quantité d'exemples que j'ai présentés de différentes manières devra toujours servir de base pour les opérations qui pourront surgir, de quelque nature qu'elles soient.

On verra, dans ma méthode, que j'ai eu soin d'indiquer les Pays et Échéances des Effets. Cela est d'autant plus indispensable que, sans ce moyen, on ne pourrait pas établir de Comptes courants et d'intérêts, et puis, ne sait-on pas que les effets déplacés perdent un change à la négociation ?

On a dû se convaincre que, la plupart des auteurs ont oublié de produire les Comptes de ventes concernant les consignations, ou les opérations en participation qu'ils ont traitées ; les exemples n'ont alors été qu'ébauchés.

Les divers débiteurs soldés par ordre alphabétique présentent, certes, beaucoup de clarté. On sait qu'on porte à ce Compte les personnes auxquelles on ne veut pas ouvrir un compte courant.

Je n'ai jamais vu la nécessité d'ouvrir un Compte à Balance d'entrée et Balance de sortie. Mon inventaire est la conséquence des débiteurs et créditeurs à compte nouveau. Eh bien, l'article de Divers à Divers, que j'ai mis tout exprès à la fin du Mémorial n'est-il pas la reproduction littérale de cet inventaire ?

Je ferai remarquer un point d'une bien grande importance. On peut, au moyen de l'addition totale qu'on place au Journal, (comme je l'ai fait aux Numéros 1 et 2) s'abstenir de produire nominativement tous les débiteurs et créditeurs. Il suffit qu'un chef ait, lui seul, à sa disposition, son inventaire. Le premier-venu, en adoptant ce dernier moyen, ne serait pas aussi facilement initié aux secrets d'une maison.

Le Mémorial est, pour ainsi dire, une tenue mixte. Je conseille, toutefois, d'adopter ce genre pour les écritures primitives, puisqu'il présente beaucoup de clarté et d'abréviation.

J'aurai pu parler : d'assurances, de propriétés, d'héritage, comme l'ont fait mes prédécesseurs ; mais j'ai pensé, que la sagacité des personnes, qui se donneront la peine de me lire avec attention, suffira pour établir ces sortes d'écritures.

Toutefois, pour que rien n'embarrasse, je vais produire quelques nouveaux exemples. Supposons, que je sois assureur pour fr. 20,000 de marchandises, embarquées sur le brick Noémi, en charge pour Saint-Pétersbourg, moyennant une prime de 1/2 °/°.

On me règle en un Billet de 3 mois, j'écris :

« Effets à recevoir à assurances maritimes,
« Pour prime de 1/2 °/° sur f. 20000, assurés à Lucas, sur le
« Noémi allant à Saint-Pétersbourg,
« S/ Paris 30 Juin f. 100.

Si je suis assuré, j'écris : assurances maritimes à Billets à payer
« pour f. 20000, assurés par Jacques sur le brick Noémi allant
« à Saint-Pétersbourg, sous la prime de 1/2 °/°
« Mon Billet à Jacques Paris 30 juin f. 100

Si j'achète une action de 1/20 sur le trois mâts Casimir, estimé d'après l'inventaire, f. 100000, j'écris :

« Trois mâts Casimir à Caisse pour une action de 1/20 versée
« à Louis, armateur,
Espèces.................... f. 5000.

Je débite le navire, quand il y a des intérêts échus, tous les trois ou six mois, je le crédite de ma participation aux bénéfices résultant de ses voyages, et d'après le Compte que doit m'en remettre l'armateur, dans la proportion de l'action que j'ai sur ce navire.

J'achète une maison f. 50000, quai Napoléon, 4, à Rouen, je verse f. 5000, espèces, et je fais une obligation notariée, où il est stipulé que je verserai les f. 45,000 restant, d'année en année, par fractions de f. 5000, à partir du 31 décembre, je passe l'écriture ainsi :

« Maison quai Napoléon, 4, à Rouen, à Divers :		
« A Caisse et E/versées aux mains de B N[re].	5,000	50,000
« à obligation notariée un terme échu 31		
« décembre 1848.	5,000	
« et ainsi de suite jusqu'au dernier.	40,000	

Si je fais un héritage de f. 10000, espèces, de mon oncle Jean, je débite Caisse et je crédite Capital ; exemple : Caisse à Capital,
« Espèces provenant de la succession de mon oncle Jean,
« f. 10,000.

« Je débite la maison des impositions foncières, des réparations, etc., et je la crédite ensuite des loyers.

Je ne donnerai pas plus d'extension à mes démonstrations ; je terminerai par dire que, si l'on suit ponctuellement mes conseils les commerçants qui aiment l'ordre, s'en trouveront bien, et les Comptables seront souvent allégés, en adoptant les moyens d'abréviation que j'ai indiqués.

Rouen. — Imp. de A. SURVILLE
Rue des Bons-Enfants, 46-48.

www.ingramcontent.com/pod-product-compliance
Ingram Content Group UK Ltd.
Pitfield, Milton Keynes, MK11 3LW, UK
UKHW020357230726
13925UKWH00003B/1168

9 782013 695732